U0923964

地壳弹塑性形变反演模型及应用

Crustal Elastic-Plastic Model and Application

张　俊　独知行　著

测绘出版社

·北京·

内 容 提 要

本书以地壳岩石圈界定为具有连续弹塑性介质性质的运动形变场为基础,研究了地壳形变建模和分析方法:通过对地壳运动板内形变的数学描述机制,提出了半参数和最小二乘配置两种地壳弹塑性形变反演分析模型;利用地震矩张量和卫星定位两类数据进行地形变分析的融合分析方法;联合反演相对权比进行约束反演;对环渤海区域地壳进行形变分析;对中国大陆各亚板块及主要块体形变模式进行联合反演。

本书可供地学相关领域的本科生、研究生和学者参考。

图书在版编目(CIP)数据

地壳弹塑性形变反演模型及应用 / 张俊,独知行著. — 北京:测绘出版社,2016.11
ISBN 978-7-5030-4004-7

Ⅰ. ①地…　Ⅱ. ①张…　②独…　Ⅲ. ①地壳—弹塑性变形理论　Ⅳ. ①P315.4

中国版本图书馆 CIP 数据核字(2016)第 273289 号

责任编辑　巩岩　**封面设计**　李伟　**责任校对**　孙立新　**责任印制**　陈超

出版发行	测绘出版社	**电　　话**	010－83543956(发行部)
地　　址	北京市西城区三里河路 50 号		010－68531609(门市部)
邮政编码	100045		010－68531363(编辑部)
电子邮箱	smp@sinomaps.com	**网　　址**	www.chinasmp.com
印　　刷	北京京华虎彩印刷有限公司	**经　　销**	新华书店
成品规格	169mm×239mm		
印　　张	8	**字　　数**	155 千字
版　　次	2016 年 11 月第 1 版	**印　　次**	2016 年 11 月第 1 次印刷
印　　数	001－600	**定　　价**	36.00 元

书　　号　ISBN 978-7-5030-4004-7
本书如有印装质量问题,请与我社门市部联系调换。

前　言

长期以来，为有效预报和降低地震等各种地质灾害带给人类的巨大伤害，科技工作者对地球深部的各种动力学过程的发生和演变机制做了大量研究。力是很难直接测定的，地壳变形与破裂是地球内部动力过程最直接、最基础的力学输出信号，其中包含着地壳内部圈层对各种动力作用的响应过程信息，可对地壳或地幔的流变性质提供外部的几何学和运动学约束。目前，地球物理探测还不能很好地描述地球深部的精细结构，而地表形变是这些结构参数的函数，因此，利用地表形变与地球内部结构参数的关系，建立地壳形变模型并通过反演分析揭示地球动力过程的发生和演化规律就成为地球动力学的重要课题之一。现代空间大地测量技术几乎可以在任意时空域内监测和捕捉区域地表微动态变化，这使得大地测量技术比以往任何技术研究地壳运动都更具优势。近 20 年来，在世界范围内，以“动力大地测量学”“地形变大地测量学”“地球物理大地测量学”“构造形变大地测量学”“地震大地测量学”等命名的学科术语在学界频频出现，这说明大地测量学参与地壳运动和地球动力学研究已成为当前地球科学中的活跃研究领域。事实上，国际大地测量学和地球物理学联合会(International Union of Geodesy and Geophysics，IUGG)认为，大地测量学已发展成一门基础性地学学科，它有能力对全球板块运动、构造应力场、地球内部密度分布、极移、地球动力学机制等诸多课题及领域进行研究，并且实现与这些领域的深层交叉与融合。

本书正是基于以上背景，在前人研究基础上，总结了以往大地测量技术在地壳形变研究领域所取得的主要成就和研究进展，着重研究了如何利用大地测量观测资料建立地壳运动—形变的反演分析模型，提出了几种能够顾及板内形变的地壳弹塑性形变反演分析模型，并对中国大陆主要块体及环渤海区域进行应用研究。

由于地学问题的复杂性，作者对所研究的问题仅做了一部分研究工作，希望能起到抛砖引玉的作用，作者将感到不胜欣慰。

本书由贵州大学张俊执笔撰写完成，全文由山东科技大学独知行教授审阅并定稿，在撰写过程中得到了山东科技大学于胜文教授、刘国林教授、郭金运教授及解放军信息工程大学柴洪洲教授的指导与帮助，中国测绘科学研究院章传银研究员为本书提供了环渤海区域 GPS 监测速度场数据，在此一并表示感谢！同时还要感谢本书参考文献所列出的全部作者以及为地球科学研究做出贡献的所有工作者，向他们表示致敬！此书可作为相关领域的本科生、研究生和学者阅读参考。

由于作者水平有限，书中不妥之处在所难免，敬请各位读者和专家批评指正！

目　录

CONTENTS

第1章 绪 论

人类自诞生以来，为了生存，就不得不与各种自然灾害做斗争。千百年来，人们从没停止过对赖以生存的美丽家园——地球的探索和研究。随着知识积累和科学水平的进步，人类改造自然和适应地球环境的能力大大提高，对地球的认识水平已达到了前所未有的高度。但是，迄今为止，地球科学中，有一些与人类生存息息相关的重大科学难题还没有解决。例如，地震对人类生命财产安全造成极大伤害，但是至今科学界对于地震何时、何地、为什么及怎样发生的等一系列科学问题还依然没有完全搞清楚。其中，地球动力学引起的地球的变化及产生这种变化的原因是最根本性的问题之一(牛之俊，2006；王敏，2009)。人们通过各种方法探求地球动力学过程及其机理，试图对地球深部的各种动力学过程的发生和演变做出解释和预报，从而有效减少各种地质灾变带给人类的巨大伤害。在此目的推动下，产生了许多与地球动力学密切相关的地学学科，除了地球动力学本身成为首当其冲的学科之外，近年来，动态大地测量学和地形变大地测量学也日趋成为这一领域的重要基础学科。

§1.1 地球动力学、动态大地测量学和地形变大地测量学

1.1.1 地球动力学及其研究对象

勒夫(Love)1911年在其著作《地球动力学的若干问题》中最早使用了地球动力学这个术语。地球动力学是一个内涵广泛的名词，其研究对象是地球内部的力和各种过程(丁国瑜，1991)。地球时刻处于不断变形和运动状态，地球深部发生的力学现象多种多样、形式复杂，如大陆漂移、海底扩张、地震、海啸和火山喷发等。地球动力学的任务就是分析这些现象，并透过这些现象寻求其力学机理，掌握这些现象发生和变化的规律，预测其发展趋势。

由于地球科学问题本身的复杂性和多变性，使得地球动力学难以取得实质性进展，尤其是对地震和其他发生在地表的破坏性地学事件缺乏科学的研究方法。在相当长的一段时期内，地球科学处于定性研究状态，人类对许多已经发生的和正在发生的地学事件难以做出合理解释，对蕴含在其中的规律知之甚少。直到20世纪60年代末，以英国学者Mckenzie等(1967)、美国学者Morgan(1968)、法国学者Le Pichon(1968)为代表的地球科学家根据已掌握的全球海岭、海沟、转换断层、地磁和地震等资料，综合了大陆漂移、地幔对流、海底扩张等有关地球地壳的若干假

说后提出板块构造运动理论，才使人们对地球海陆变迁及地表演化过程的研究具备了有力的理论工具。

板块构造学说是地球动力学发展史上的一个里程碑。这一学说提出至今已有半个世纪，是目前普遍接受的理论。在板块构造运动的理论框架下，人们提出了许多板块运动模型，这些模型对人们定量化了解地壳运动起到了非常重要的作用，也使人类有可能从更科学合理的角度深化对地球内部动力学机制的认识。板块运动是最重要的构造运动，自从板块构造运动理论提出后，探究岩石圈的运动及其动力学机制就一直是当代地球科学研究的主题（胡明城，1994）。地壳运动及其形变是地球深部动力学过程的最直接反映，它综合了各类构造运动信息，如块体下部物质组成及其物理性质、地壳内部热活动、区域内及其周边构造块体活动，以及岩石圈深部物质迁移等。因此，通过研究地球表面点位变化（形变），将地球表面形变看作地球内部动力学过程的某种输出信号，通过建立一定的数学物理模型探究地壳形变的地球物理机制，将有可能开辟地球科学领域有关地球动力学的新的研究手段。

1.1.2 动态大地测量学

20 世纪 80 年代以来，随着现代空间大地测量技术包括甚长基线干涉测量（very long baseline interferometry，VLBI）、卫星激光测距（satellite laser ranging，SLR）、全球导航卫星系统（global navigation satellite system，GNSS）、合成孔径雷达干涉测量（interometry synthetic aperture radar，InSAR），以及卫星重力测量技术，包括地球科学研究和应用小卫星（challenging minisatellite payload，CHAMP）、重力探测和气象试验（gravity recovery and climate experiment，GRACE）、重力场和静态洋流探测（gravity field and steady-state ocean circulation explorer，GOCE）等的崛起，使大地测量技术几乎可以在任意时空域内获取有关地球表面环境的微动态变化，这些革命性技术被迅速应用到地学领域，形成了动态大地测量学。动态大地测量学是由大地测量时变观测数据为基础反推地球内部构造形态、力源和动力学过程参数的科学。它是大地测量学与其他地学学科的交叉研究形成的新学科分支，是大地测量学中最具活力的一门边缘性学科分支。其发展一方面依赖于大地测量学的发展，一方面又与其他相关地球科学的发展密切相关，但就研究方法和内容而言，又保持着与其他地球科学的相对独立性。

动态大地测量学主要用于研究地壳形变及其动态演化过程，为其他地球科学对变形做出合理的几何物理解释提供定量约束。"形变"是地球内部动力过程引起的一种现象，也是由地球内部动力学原因引起的一种特定"结果"。引起这种结果的"原因"有多种，从根本上说，动态大地测量学研究手段需要采用反分析方法，地学界更多地称为大地测量反演。大地测量反演技术是近年来在大地测量学和地球动力学中的共同研究热点课题。事实上，近 20 年来，利用现代空间大地测量观测技术建立板块的定量化运动模型，以及建立基于多源观测信息融合的大地测量联合反演模型用以研究块体的边界力学性质和块体内部的应力场分布的研究正方兴未艾，这些研究构成了地球动力学研究的前沿和热点。

1.1.3 地形变大地测量学

地形变大地测量学是现代大地测量学与地球物理学、地质学和地壳运动学及信息系统学科相结合的当代前沿学科，它通过集成先进的大地测量及地球探测技术，通过建立运动学和动力学模型，经严谨数据处理预测地壳运动的未来变化，直接服务于地震等灾害预报和研究。

地球表面为人类提供了赖以生存的基本空间和条件，但它总是处于变化中。地震、火山、滑坡、沉降等自然灾害时刻威胁着人类生命财产安全，这些与人类生存息息相关的地球变化与地球构造运动直接相关。构造运动必然引起构造形变，地震就是由地球内部构造运动引起的一种剧烈的地形变形式。地震与地球内部的力是联系的，但一般来讲，力是很难直接测定的，目前，主要通过监测地球内部动力学的某些输出信号间接研究内部的力学过程。地壳变形与破裂是揭示地球内部动力过程最直接、最基础的力学信息（周硕愚 等，2004，2008）。现代地球科学研究表明，地震发生前会释放一定的地震前兆信息，地壳形变即是一种最重要的前兆信息，通过研究地壳形变，建立地壳形变分析模型，有效预报地壳形变演化过程，及时发现地震前兆，必将有助于击破地震预报的“瓶颈”问题。

综上所述，地球动力学深入研究需要动态大地测量学的参与，动态大地测量学的研究，特别是对形变做出合理动力学解释时更需要与地球动力学相结合。地形变大地测量学既可以作为大地测量学的研究分支，也可以作为动力大地测量学的重要研究内容。三种学科之间有着千丝万缕的联系，但彼此又保持相对独立，不具备相互替代的可能。

§1.2 地壳运动及其形变分析方法和技术

目前为止，有关地壳运动研究，大致包括地质学、地震、地球物理、大地测量、海洋学、天文学和考古学等，但鉴于技术资料的综合积累和可靠性、技术实施难度等因素限制，现代地壳运动的研究手段主要是地质与地球物理学和大地测量技术两类。

1.2.1 地质与地球物理方法及技术

利用地质与地球物理方法研究地壳运动，实际上就是利用长期积累的地质及地球物理资料借助一定的数学方法建立描述地壳运动的定量化模型。在地球物理中，用以建立地壳运动的资料主要包括三大类：第一类是大洋底的地磁异常剖面等时线资料，根据地磁异常等时线到大洋中轴的距离和地磁异常年龄即可推算板块的扩张速率；第二类是假定海底深度为海底形成年龄的函数，则可根据洋底水深测深资料，根据大洋中脊两侧的坡度变化或水深变化大致推算板块扩张速率；第三类是地震滑动矢量资料，利用该类资料建立地壳运动模型，假定沿断层的所有断错是相继连续发生的，历次断错引起地震时会出现滑动，将研究区域内所有滑动矢量累加起来就可以计算块体的相对运动速度。

传统地质及地球物理方法建立地壳运动模型的数学方法是基于刚体定点旋转的欧拉(Euler)定理基础之上的。该定理是著名的瑞士数学家欧拉于1776年研究球面刚体运动时提出的。根据欧拉定理，当一个刚体绕某一固定点做有限运动时，刚体上任一点的运动速度等于刚体角速度与该点至固定点距离的乘积。据此，如果将地球看成球体，并将球心强制为在球面上做刚性运动的各块体转动的固定点，则板块上任一点的运动都可等效为该点绕通过地心的某一轴线的旋转运动，这一定理后来被用作研究板块运动的基本定理(孙付平 等，1998a)。

基于欧拉球面刚体绕定点旋转的基本定理建立板块运动的定量化地球物理模型，实际上是先利用地球物理资料推算板块相对运动速度，然后根据欧拉定理通过最小二乘法估计欧拉旋转角速度拟合用地质手段推算的板块运动速率，模型确定后即可利用板块上各点坐标及相应台站对球心的矢径计算板块上任意点的运动速度。

半个多世纪以来，利用地质及地球物理资料并基于板块刚性假设，已提出许多著名的板块运动模型(Le Pichon，1968；Morgan，1972a；Chase，1972；Minster et al，1978；DeMets et al，1988，1990；Argus et al，1991)。这些定量模型对人类认识地球和研究地表块体运动的动力学机制起到非常巨大的作用，是早期应用最广泛的地壳运动模型。但鉴于地质地球物理资料的短缺及推测精度不高并且在建立模型时需满足过多假设等原因，以上利用地球物理资料建立的地壳运动模型具有“半定性”成分。尽管如此，根据现代大地测量观测结果，全球各大板块的宏观运动观测值与地球物理模型预测结果大体上是吻合的，这表明在研究区域尺度较大时，对块体的刚性假设基本符合实际。

但同时，另一种情况也是非常值得注意的，那就是板块运动的地球物理模型虽然在全球各大板块的宏观运动和解释上取得了极大成功，但是却忽略了各大块体内部的形变。现代对地观测技术已经非常可靠地证实了在板块边界及板块内都存在一定程度的构造运动及变形。但是，传统的地球物理模型难以在更精细的程度上描述这一情况，这已逐渐成为传统地球物理地壳运动模型面临的最大挑战。

1.2.2 大地测量方法及技术

早期的大地测量技术主要是基于地面的观测技术,其作业范围小,且精度不高,难以满足地壳运动及形变研究的基本要求。现代空间测量技术的出现和日益发展,不仅大幅度提升了野外测量距离,测量精度更是提高了几个数量级(许才军等,2000;郑作亚 等,2004)。尤其是随着导航定位技术系统的进一步完善和国际科学研究协作的不断加强,解决了大地测量过去不能研究地壳形变的核心技术瓶颈问题,从而使利用大地测量观测资料研究地壳运动及形变成为了可能。不仅如此,利用现代大地测量观测资料研究地壳运动及形变,与地球物理方法相比,还具有一些明显的优势,这些优势主要表现在如下几个方面:

(1)空间对地观测技术获得的是地表运动的位移信息,通过多年积累,不但资料丰富,而且其观测量是地球内部动力学的输出信号,是地表运动的直接信息,而非像地球物理资料那样,不但资料相对稀缺,而且是利用满足某些假设条件下间接推断的扩张速率建立的模型。因此,从资料的角度看,利用大地测量研究地壳运动,其结果的可靠性明显优于地球物理方法。

(2)空间对地观测技术获得的是地壳的现时运动结果,涉及的时间尺度从几年到百年之间,可以反映与人类生存息息相关的现今地壳运动及动力过程。利用这些观测结果研究地壳运动,不仅可以为地球深部动力学研究提供可靠的几何空间约束,而且可以与地球物理模型的结果进行对比或与地球物理资料联合建模分析,在时间尺度和精度上互为补充,从而使两类资料研究结果互相验证和约束,为深化地球科学研究提供新的可靠途径。

(3)利用空间大地观测资料研究地壳运动及进行形变分析,理论上并不需要知道各相邻板块的确切边界,研究板块之间相对运动仅取决于各块体上监测台站的分布位置及数目。但为增强板块研究结果的解释能力,一般也需要根据具体研究区域的构造情况对块体进行划分。

利用空间大地测量技术研究地壳运动,其理论依然是建立在板块的球面刚性定点运动的欧拉定理基础之上的。但不同的是,利用空间大地测量资料研究板块运动,并不只局限于对各大板块的宏观运动进行研究,与地球物理方法相比而言,它更大的优势在于对板内局部形变的研究。只要研究区域具有一定数量的台站监测资料,即可利用这些监测序列建立数据所在区域的块体运动模型,而这种运动不限定在板块边界附近。

就时间分辨率而言,地质及地球物理学研究的时间尺度大致是几百万年,给出的地壳运动模型结果反映的是几百万年以来地壳的平均运动结果,对与人类生存息息相关的现今地壳运动反映不足。而现代大地测量技术可以几乎任意空间尺度和准实时方式直接获取高精度地壳运动位移信息,从而成为现今地壳运动研究中最重要的技术手段之一，它将地球物理学中以百万年计甚至更长时间尺度的地壳运动研究推进到以百年、年、月、日为周期的现今地壳运动研究新阶段。另外，传统地球物理方法研究板块运动，一般是在尺度较大板块之间展开的，并且强调板块的相对运动和形变仅限于板块边界附近一定范围的条带之内发生。但是，大地测量技术可在板块的任意位置布设监测台站并可研究板块任意区域之间的相对运动，因此，二者在研究尺度上亦可实现互补。

总之，利用地质及地球物理和空间大地测量技术研究地壳运动是现代地壳运动定量化研究的主要方法，两类方法的融合必将成为发展趋势。同时，随着现代科技的发展和多种技术观测资料的积累和完备，一个集空间、地面及地球深部相结合的立体对地观测系统正在形成。资料的融合推动了技术的融合，使得现今地壳运动研究资料具有宽频域、多尺度、多圈层、多时段、高精度和定量化等特点（柴洪洲，2006）。现代地壳运动研究方法及技术手段必将向多元化和复合性技术方向发展。

§1.3 现今地壳运动的大地测量研究进展

纵观大地测量学的发展史可以发现，其发展趋势总是与地球科学的其他学科相互交叉、渗透、融合，延拓其他学科的最新进展，并在自身不断完善的基础上，形成新的学科分支（独知行 等，2003a）。事实上，经过多年发展，以精确测定地球变形、定量描述地球变形的动态过程，并结合其他学科对形变做出合理的几何物理解释的形变大地测量学分支学科业已形成，并在地球动力学及地形变分析中发挥作用（独知行 等，2003b；许才军 等，2009）。

虽然早期利用大地测量技术开展块体运动的研究因观测尺度和精度的限制无法发挥重要作用，但是人们利用大地观测资料研究地壳运动的努力却从来没有间断过。早在板块学说孕育之初，大陆漂移学说的提出者韦格纳（Wegener）就曾尝试利用当时的大地测量成果作为其大陆漂移说的证据，但因测量精度太差，他引用的结果未能有效支持他的学说，最终并未引起学界重视。但随着科学技术的发展及越来越多大陆漂移的地学证据相继被发现，人们不仅接受了韦格纳有关大陆漂移的基本理论和观点，还综合了其他假说提出了板块构造运动学说，并且利用古地磁等资料建立了全球板块运动的地球物理模型。

然而，由于这些地球物理模型本身需满足某些特定假设及所用资料精度不高等，板块构造运动模型尚需进一步精化，其理论尚需进一步验证和完善。这从客观上要求，必须发展其他与地球物理保持相对独立的技术及理论，从新的角度研究地壳运动，利用这些技术和地球物理方法的结果相互约束和解释，从而解决利用地球物理方法和技术未能解决的一些理论和应用问题。目前，以 GNSS 为代表的现代大地测量技术对地监测能力已得到超乎想象的发展，由于此项技术具备高精度捕捉瞬态地学现象的能力,所以目前已被学界推向地学研究的纵深领域。

基于大地测量观测资料研究板块运动的探索始于20世纪80年代。当时,有许多学者试图利用大地测量观测资料建立板块运动模型,以便检验和验证当时几个比较有名的地球物理模型。德鲁斯(Drews,1982)率先导出了一套可以利用站点坐标和弧长变化求解板块欧拉向量的模型,并借助有限元方法,研究了北美板块和澳大利亚板块的相对运动参数。但由于台站较少,研究结果与地球物理模型有一定的差距。稍后几年,他又分别利用甚长基线干涉测量和卫星激光测距资料解算的站坐标和基线增量,重新估计了北美、欧亚、太平洋和澳大利亚几个较大板块的运动参数(Drews et al,1990)。由于测站资料相对比较充分,本次解算的板块运动参数与当时的AM1-2模型结果比较接近,首次验证了利用大地测量资料给出的历时几年的板块运动与长达几百万年的地球物理模型平均结果具有较好的一致性,说明地壳运动具有长期稳定性特点。Argus等(1991)利用1984年至1987年甚长基线干涉测量结果估计了北美和太平洋之间的相对运动参数;Ward(1990)也利用更多甚长基线干涉测量资料推算了同一地区板块运动参数;朱文耀等(1990)、孙付平等(1995,1998)用甚长基线干涉测量、卫星激光测距和GNSS实测数据研究了全球板块运动及中国大陆现今地壳运动,他们的结果与当时的权威地球物理模型NUVEL-1(Demets et al,1990;Gripp et al,1990)已非常接近,再次验证了大地测量技术在地壳运动研究中是可行的。

以上是一些早期的利用现代空间大地观测资料研究地壳运动的典型成果,这些成果与地球物理模型相比,大体上具有较好的一致性,这是令人振奋的。但是,由于监测台站数目的有限性、分布不均匀和观测资料的时间不长等因素,这些研究成果尚属初步。例如,这些模型结果的可靠性对于不同的板块很不一致,且与各地球物理模型的局部差异非常显著。因此,随着台站及观测年限的增长,此类方法的模型精度可望得到有效改善。

GNSS技术的发展对改善全球测站数据及分布提供了可能。特别是纳入国际GNSS服务(International GNSS Service,IGS)组织台站数量的逐年增加极大地弥补了甚长基线干涉测量和卫星激光测距台站数目不足,并且其地表监测精度也并不逊于甚长基线干涉测量和卫星激光测距,且从实际技术实施上来看,在全球板块布设监测台站更加灵活和方便。经过多年的发展和积累,目前全球(美国、日本、新西兰、南美、中国等)已建成多个有影响的区域地壳监测网络和全球监测网络(胡明城,1994),通过这些分布在全球的GNSS和甚长基线干涉测量及卫星激光测距网络监测数据和国际上的友好协作,为广大学者利用GNSS观测数据开展各类地学研究提供了数据保障。

近20年来,国内外学者利用GNSS监测数据开展地壳运动的研究十分活跃,取得了一批非常有价值的成果。例如,Larson(1990)、Larson等(1991)将全球分成8个主要板块,并利用GPS资料建立了由8个块体组成的全球板块运动模型;Argus等(1995)利用4年的GPS监测资料建立了由6个主要板块组成的全球板块运动模型;Drews等(1998)联合甚长基线干涉测量、卫星激光测距和GPS三种资料建立了一个由12个板块组成的APKIM全球板块运动模型,这种利用多种观测资料组合建立的模型结果比以往使用单一资料建立模型的做法前进了一步。

中国大陆及其海域的主体属于欧亚板块,位于亚洲大陆的东南部,西南缘以雅鲁藏布江缝合线为界,与印度板块相接,东部沿日本、菲律宾岛弧—海沟系与太平洋、菲律宾海板块为邻。印度板块向北东约7.1°方向推挤中国大陆(李延兴 等,2001a);太平洋板块、菲律宾海板块则沿西或北西方向向中国大陆俯冲(李延兴等,2001b),加之北面巨大而坚硬的西伯利亚地块阻挡,致使中国大陆内部积聚了特别强大的构造作用力,使之成为世界板内构造最活跃、地震最强烈的地区之一(独知行 等,2003a)。鉴于上述地质构造背景,中国大陆内部各种构造形态广泛存在,素有“地质公园”之称。因此,对于中国大陆的地壳形变及构造研究和动力学研究吸引了国内外众多学者的注意,历来都是世界地学领域的研究热点。

为研究中国大陆板块及板内亚板块运动和形变模式,中国自1988年开始了最早的GPS网络建设,历经约30年时间,目前已先后建成了“中国地壳运动观测网络”(李延兴 等,2001a;王琪 等,2003;牛之俊 等,2005)和“中国大陆构造环境监测网络”两大系统,使中国大陆现今地壳运动的空间大地测量观测资料日益丰富,为中国及世界学者开展利用空间大地测量资料定量化、分区、分块研究中国大陆内部各级块体的运动及形变研究提供了条件。

中国学者利用早期及两大网络系统的工程监测数据研究中国大陆及邻区地壳运动,取得了丰硕的成果。各学者通过专著形式全面梳理、总结和评述了我国进入21世纪以前的地壳运动研究成果(丁国瑜,1991;马杏垣,1992;叶叔华 等,1997),他们的工作包括了地质及地球物理和大地测量两类技术在我国地壳运动及形变研究方面的主要成果,既包含了基础理论及技术的阐述,也有前瞻性分析,对我国在这一领域的研究起到了承前启后的作用。进入21世纪以来,我国利用GPS资料研究板块运动及板内形变进入高潮,涌现了大量成果。这些成果包括利用GPS资料研究中国大陆地壳运动速度场,初步利用几何大地观测资料建立中国大陆地壳运动模型,并进行了相关地球动力学分析(黄立人 等,2000;朱文耀 等,2000;刘经南 等,2001;马宗晋 等,2001;王琪 等,2002;江在森 等,2003a;李延兴 等,2003,2006;朱守彪 等,2006a;柴洪洲 等,2009;魏子卿 等,2011;李强 等,2012;程鹏飞等,2013;赵国强 等,2014);还有些是利用GPS资料研究了中国大陆不同区域地壳形变,建立了中国大陆内部各亚板块的运动模型(刘经南 等,2000;党亚民 等,2002;张静华 等,2004;张跃刚 等,2005;刘峡 等,2006,2010;王辉 等,2008;杨少敏 等,2008;李志才 等,2009;温扬茂 等,2009;李冲 等,2012;丁开华 等,2013;邓

文泽 等,2014;王亮 等,2014;顾国华 等,2015;王帅 等,2015),尤其是对华北和川滇地区两个地震多发地带的研究明显多于其他地区;朱文耀等(1999)、柴洪洲(2006)研究了中国大陆地壳形变分析的背景场和参考框架,指出中国大陆地壳运动需顾及中国大陆邻区及全球地质构造活动的大背景才能得出全面研究结果;陈俊勇等(1994)、孙付平等(1997)、荣敏等(2009)研究了冰后反弹对地壳形变的影响,指出冰后反弹引起的地壳水平形变,除特别构造地带外,通常其数量级远小于在同一地区的地壳水平运动量级;党亚民等(1998)、张希等(1999a,2001a)、杨元喜等(2008)、江在森等(2010)、Guo Jinyun 等(2012)先后提出大地测量研究地壳运动模型的不同数据分析和处理方法;吴爱弟等(1998)、叶正仁等(2003)、张东宁等(2007)、王辉等(2007)、李玉江等(2013)、任烨等(2013)、刘峡等(2013)、范桃园等(2014)利用 GPS 观测结果结合有限元方法,研究了地幔对上地壳的拖曳作用或给出了浅部地壳运动的分层结构;李延兴等(2001,2006,2007,2009)扩展了板块的刚性运动模型,提出块体运动的弹性运动模型,并用于中国大陆及邻区、太平洋、菲律宾海等板块的地壳运动研究,就数据拟合来看,结果均优于刚性运动模型结果;丁国瑜(1991)、李延兴等(2001) 、石耀霖等(2004)讨论了利用 GPS 资料速度场数据对块体进行划分的方法,并得出与地质结果比较一致的结论。

以上发表的大量基于大地测量的地壳运动及形变研究成果,构成了当代地球科学领域的前沿和研究热点,对深化地球深部的动力学过程认识起到重要作用。就板块运动模型研究而言,总结起来,这些成果及学术价值在于:

(1)现代空间大地测量技术被证明可以为全球范围和局部板块运动提供足够数据并已经成为板块运动定量建模的重要手段,通过以 GPS 为代表的现代大地测量技术开展现今地壳运动研究,对于地球动力学而言,具有旺盛的科学生命力。

(2)板块运动的大地测量研究侧重于从空间几何的角度开展地表形变研究,是与传统地质及地球物理方法迥然不同的新技术,二者结果可以相互约束和检验。就技术特点而言,大地测量方法具有动态和精度更高的优势。

(3)利用大地测量观测资料,不仅研究了全球板块的整体运动情况,而且研究了局部板块运动及板内形变,根据不同的板内形变模式,可以使块体划分更细致。

(4)研究了地壳运动及形变分析的背景场和参考框架的维持问题,主要结论是:研究一个块体的运动及板内形变时,选择适当的背景场有利于反映局部区域的真实地壳构造运动及形变。

(5)利用 GPS 资料求解了全球各大板块的欧拉运动参数,结果表明:传统地质及地球物理模型与大地测量研究结果在全球范围的尺度上大体吻合,但地球物理模型对于板内局部构造活动反映明显不足,需要大地测量技术来弥补。

(6)从数学的角度来看,绝大部分研究均采用了与地球物理相似的欧拉定点刚性运动模型,对模型的精化研究进展不大;参数估计大部分采用了最小二乘估计方法，数据分析的区别仅仅是与模型匹配的随机模型不同。

(7)仅有少量文献根据大地测量观测资料，利用有限元等方法对地壳浅部速度结构及地幔对流与地壳运动的内在联系进行了数值模拟分析，得出的结论尚无法验证，这一领域的研究需要进一步深入。

(8)针对传统刚性运动模型进行了改进，提出了板块运动的弹性运动模型，这些模型拟合台站速率的优势比较明显，但对地壳内部形变应变模式假设较强，需从理论上进一步改进，且台站筛选及背景场选择的不同均可影响分析结果，类似的应用问题需进一步探究。

§1.4 本书主要研究内容

1.4.1 研究目标和研究思路

鉴于以上阐述，传统基于地质、地震等地球物理资料研究地壳运动的方法，由于使用资料时间尺度大并且是利用基于特定假设的间接推算资料为建模依据，因此其研究成果的定量化程度和可信度均受到质疑。现代大地空间测量技术的迅猛发展，为地壳运动及其形变的动力过程研究提供了新的可靠途径。利用大地测量观测技术研究地壳运动，其资料的可靠性和精度、时间和空间频域都具备了比地球物理方法更优越的条件。目前，在世界范围内，随着各种以现代空间大地测量技术为主的地壳动力学计划相继推出，以及国际合作日益广泛，利用现代大地测量技术研究全球板块运动及区域地壳运动比以往任何时候都更具备条件。中国大陆现已建成的"中国地壳运动观测网络"和"中国大陆构造环境监测网络"，具有完全地形变监测能力，为开展中国大陆及周边块体及板内形变研究提供了可靠的物质技术保障。面对中国对地形变监测台站数据的不断增加和数据积累越来越多的大好形势，如何有效利用这些数据，研究高精度、可靠的数据处理方法及地壳运动和形变分析的建模理论是当前地球动力学研究领域的重要课题。

在国际上，应用大地测量观测成果研究中国地壳运动及形变的相当一部分研究成果是国外学者对全球板块运动或欧亚板块运动研究成果在中国板块的体现。这些研究成果中，中国被作为欧亚板块的一部分，主要反映了中国大陆的刚体运动特征，对于板内形变基本没有涉及。而国内同类研究，最初也都停留在对以往刚性模型的验证层面，利用大地测量资料进行地形变分析的建模理论研究进展不大，其理论还很不成熟。事实上，国内这一领域的研究工作在最近20年才刚刚开始，对于地质行为来说这段时间是非常短暂的，这决定了目前许多研究成果尚属初步。例如，在测量界，许多学者因使用的数据不同、采用的参考框架不同，以及选择的模型不同，致使对同一区域地壳运动或形变的研究结果和结论均存在较大差异，不利于对同类研究进行地球动力学方面的解释。

如果能将大地测量资料与地球物理模型融合，建立统一的数学分析模型，获得既有一定物理意义又具有短期现势性的地壳形变分析模型，从而获得中国大陆板内各区域更加精细、可靠的形变演化及空间分布模式，定能深化和改变人们以往对中国大陆地球深部的动力学过程的认识，这对中国大陆地壳运动及形变乃至地球科学在这一领域的发展都是非常有意义的。这项研究工作在学术界被称为大地测量联合反演。大地测量联合反演作为一种研究地球动力学的方法和手段，现在已被越来越多的学者接受，其在地球动力学中的地位及作用也越来越显著。

现代地壳运动的研究及各种动力现象是一个非常复杂的动力演化过程，要定量化研究和再现地球动力过程，可以从不同角度出发，建立不同的模型，从不同侧面研究地球的动力过程。但首先应对地球介质性质进行界定。以往科学研究证明，过分追求一个逼真的地球对于数学处理是难以实现的，如一些学者将地壳看成具有黏弹塑性的、具有复杂介质性质的材料，固然可以从理论上较好解释研究结果，但鉴于实际地球动力学过程的复杂性，这类研究目前尚处于数值模拟阶段，有价值的实际成果并不多见。鉴于此，本研究仅简单假定地壳具有弹塑性且其形变在整个地壳空间是近乎连续的。

综上所述，课题研究目标为：在充分吸收以往研究成果的基础上，以地球动力学、地壳运动学和地球物理学为背景，将地壳看作具有弹塑性、并具有连续分布介质的固态运动及形变场，针对传统板块的刚体运动模型难以顾及板内形变运动的局限性，提出针对刚性板块运动的改进模型。本书提出的新模型通过对板内偏离块体整体刚性运动趋势的形变运动部分采用不同数学物理描述方法，达到对板块运动模型参数的优化和对模型精化的目的。除此之外，尝试研究利用地震矩张量和 GNSS 两类技术资料建立地壳欧拉运动参数和块体边界相对形变模式及空间分布的联合反演模型，对多种数据的融合模式、联合反演的相对权比、结果的地球物理解释等问题做初步探讨。

1.4.2 研究内容

本书研究内容主要包括以下几个方面：

(1)梳理了空间大地测量资料在地壳运动及形变分析领域的主要研究成果和存在的主要问题；讨论了融合空间大地测量观测数据与地质、地球物理资料建立地壳运动及其形变分析的联合反演模型的必要性和科学意义。

(2)基于地球动力学、运动学和固体介质的弹性力学理论，从地壳运动的内在物理机制及属性出发，探讨了地壳弹塑性运动模型的提出依据及建模理论；利用中国大陆构造环境检测网络(简称“陆态网”)最新 GPS 观测数据，建立了环渤海区域整体及内部各块体的整体旋转与均匀应变模型和整体旋转与线性应变两种弹性运动模型。研究结果显示：两种模型结果与实际运动的差异均较小，对块体形变分析结果与地质结论符合较好。

（3）提出利用最小二乘配置反演地壳形变参数的两步法。第一步，建立地壳运动的最小二乘配置拟合模型，模型中将板内形变引起的不规则形变速率描述为对板块刚性整体运动的干扰信号，利用最小二乘滤波方法将块体内部不规则形变提取出来。第二步，利用提取的块体内部形变建立地壳弹塑性形变应变模型，进而利用最小二乘估计板内应变参数；针对最小二乘配置的核心问题即协方差函数确定，顾及地壳运动在空间及方向上均存在明显的差异特性，提出采用分区、分方向拟合协方差函数，并建立了环渤海区域地壳形变分析的协方差函数模型。结果表明：最小二乘配置模型结果与实际运动差异较小；在陆地区域，其结果与块体的整体旋转和均匀应变模型及整体旋转与线性应变模型结果相当，但在大部分范围被海水覆盖缺乏数据的胶辽块体，其结果明显优于上述两种弹塑性模型。

（4）提出地壳半参数弹塑性运动形变分析模型。针对块体的整体旋转与均匀应变模型和整体旋转与线性应变模型中的“均匀”假设和“线性”假设在复杂构造区域难以适用的问题，研究中将偏离刚体运动的形变部分又划分为均匀应变与偏离均匀应变两部分。由于在处理板内应变时既不假定板内应变是均匀变化的，也不假定其是线性变化的，新模型事实上发展了两种弹性运动模型，使其具有更好的适应性。

（5）基于混合最小二乘理论，利用中国大陆长期积累的地震矩张量和 GPS 观测资料，联合反演了中国大陆各主要块体（7 个）的欧拉运动参数。新方法将地震矩张量模型预报参数作为先验信息，将 GNSS 观测获得的速度向量作为观测值，并将两类观测数据的相对权比与欧拉参数一起反演，提取观测数据中的块体运动状态参数。结果与已有地质结论基本符合。

（6）利用地震矩张量和 GNSS 数据构建联合反演模型，建立了中国大陆各主要褶皱带的运动—变形模型，研究了中国大陆块体（14 个构造块体）的整体运动矢量和各块体间褶皱带缩短速率矢量及其滑动规律，给出了中国大陆各主要块体边界的相对运动速率矢量图。结果与地质结论具有较小的差异，差异部分可能反映了现时地壳的实际构造活动。

第 2 章　刚体地壳运动模型及其参考框架

现代大地测量技术测定的地表形变是地球深部动力过程的力学输出信号，其中包含着地壳内部圈层对各种动力作用的响应过程信息，可对地壳或地幔的流变性质提供外部的几何学和运动学约束。鉴于目前地球物理探测还不能很好地描述地球深部的精细结构，而地表形变是这些结构参数的函数，因此，在适当假设条件下，建立地表形变与这些结构参数的函数模型，即通过建立地壳运动模型来揭示地球动力过程的发生、变化规律是十分必要的。本章从数学建模的一般理论着手，探讨地壳运动及形变分析模型有关的理论知识，包括地壳运动的数学描述、地壳运动的参考框架、利用地球物理和现代大地测量两种技术资料建立地壳运动模型的建模方法和技术手段。

§2.1　地壳运动模型的建立、评价和检验

随着科学技术的迅猛发展，各个学科都朝着更精确化和定量化方向发展。针对不同学科的具体研究领域及学科特点，对所研究的问题综合多种技术，建立准确而又符合实际的数学模型是必不可少的重要环节。关于科学研究的数学建模，至今尚无权威定义，本书比较倾向的定义为(李火林，1997)：对现实世界的某一特定系统或特定问题，为了一个特定目的，运用数学语言，通过抽象和简化，建立一个近似描述这个系统或问题的数学结构(数学模型)，利用适当的数学工具和计算机来求解模型，最后将其结果进行实际检验，并反复修改和完善。其完整过程如图 2.1 所示。

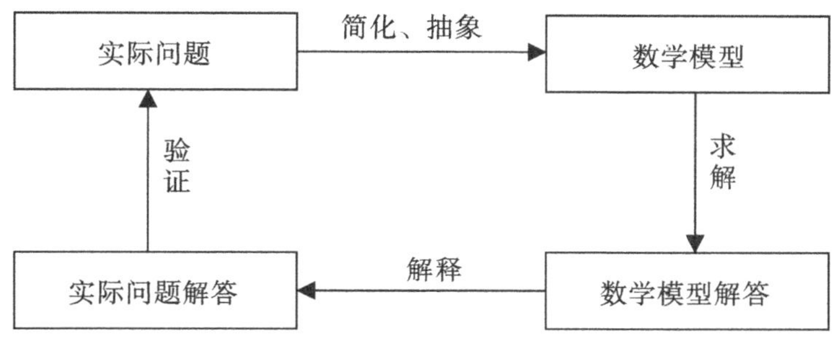

图 2.1　数学建模过程

地球处于不断的运动及形变状态，表现出形式多样、机制复杂、不同时空尺度的地球动力学现象，因此，对其建立准确的数学分析模型是一项极富挑战性的科学

工作。同时,地壳运动模型还是一个内涵十分广泛、涉及面极广的科学概念,根据研究问题的侧重点不同,不同学者可能会给出不同定义。鉴于本书的研究只涉及地球表层一定范围的浅部动力学现象,此处简单地将地壳运动模型定义为:从数学建模的一般理论出发,充分考虑地球动力学中各种复杂的因素,综合多种技术手段,探索各种地球动力学现象的内在机制,掌握地壳形变的发生和变化的规律,经过归纳、抽象和简化,给出的具有对地壳形变的动力过程进行模拟、预测和解释能力的数学模型。

从图 2.1 可以看出:一个科学、有效、能对实际问题产生价值的模型应当做好以下五个方面的工作:

(1)对实际问题的科学描述和提炼。

(2)针对实际问题,合理抽象和简化,建立近似模型。

(3)选择合适的数学工具估计模型参数。

(4)对模型结果进行解释和评价。

(5)模型的检验和完善。

对于地壳运动模型,同样需要完成以上五个方面的工作,区别仅在于:建立地壳运动模型时,应当充分考虑地球动力学特点,结合有关地球动力学背景知识,按照数学建模的一般过程、理论及要求完成地壳运动模型的建立、分析、解释、评价、检验和完善全过程。以下对地壳运动模型涉及的五个方面进行分析。

第一,地壳运动研究问题的科学描述、提炼。由于地壳运动是地球内部动力过程在地表的一种外部输出形式,因此,有理由相信,通过观测得到的地表位移和形变包含了地球深部动力机制的丰富信息,通过分析地表形变,可以达到深化对地球深部动力机制认识的目的。但同时,基本常识又说明,地表运动和形变不是地球内部动力过程的唯一输出信息,一个动力演变过程可能会引起可观测到的多种现象。例如,一次地震过后,不仅会引起地表剧烈的形变或破裂,同时还会引起震区重力场、泊松比、弹性模量、地壳密度等地球物性参数发生变化,这些可观测现象都是一次地球内部动力过程的输出。因此,利用地壳运动模型研究地球动力过程时,需要结合具体使用的数据类型及特点,根据地球物理及地质力学知识确定观测数据与相关动力学参数的联系。简而言之,对观测数据与包含动力学信息的参数之间的地球物理关系进行准确的数学描述的过程是建立地壳运动模型的首要工作。

第二,针对地壳运动问题,进行抽象、简化,建立描述地壳运动的近似模型。对任何问题的数学模型,一般都希望它们能尽可能地反映现实问题。就地壳运动模型来讲,也总是希望所建立的模型能最大限度地反映地表形变的真实过程和状态。为此,理论上必然要求尽可能多地顾及引起变形的各项因素。然而,实际中,无法预料引起一次地表形变的所有因素,为此,总是忽略次要因素,仅将认为引起形变的主要因素纳入模型。例如,当研究一个监测台站的位移合成时,一般考虑的主要因素包括台站所在块体的欧拉整体旋转运动、局部构造形变、冰期反弹和观测噪声等，而对于一些非构造运动因素引起的形变(如地球的各种潮汐运动)则很少考虑。事实上，一个准确的数学模型固然可以“高逼真”地描述实际问题，但在数学上可能是难以处理的，即便可以处理，如果应用门槛过高，也会失去其应有的价值。因此，一个实用的模型应当是经过高度抽象和简化的近似模型，这种模型能反映实际问题的主要方面，被忽略的部分对实际问题不会造成太大影响。对于地壳运动模型而言，要求利用所建立的模型重现地表形变过程时，模型结果与实际观测的运动情况基本符合即可，而符合程度可作为模型优劣评价的一项重要参考指标。

第三，选择合适的数学工具，估计模型参数。如果说模型是解决实际问题的灵魂，那么，模型参数则是维系其灵魂地位的保证。获取模型参数，需要借助具体的数学算法实现。由于模型的确定依赖于所使用的数据，因此，具体参数估计需根据数据情况确定。例如，根据数据量的不同，可分为参数的超定估计、欠定估计和混定估计，而根据模型为线性和非线性情况，所使用的估计方法又有所不同。一般来讲，地球科学中的参数估计问题多为非线性模型，所以，其参数估计采用的方法往往是将模型结果与实际结果相比较的差值作为目标函数，利用数学中的最优化方法，通过数值方法寻找目标函数的极值来实现的。而数值寻优方法的优劣主要在于，寻优过程是否会陷于局部峰值而给出结果。

第四，对模型结果进行解释和评价。通常，预测比解释要困难得多。评判一个模型的好坏，首先是看它能否解释已经发生的现象，更重要的是看它能否预测未来发生的同类事件(许才军 等，2006)。这里需要指出的是，对地壳运动模型的解释需要采取“正法反演”思想来进行。地壳运动及形变作为地球深部动力机制的输出信号，是“现象”，而造成这种现象的动力机制是“原因”，这种由“现象”推求“原因”的过程客观上决定了地球科学领域的大部分问题都应采用反分析方法。建立模型时，一般也采用“正法反演”进行实施(独知行 等，2003b)。虽然目前地壳运动模型可以采取多种方式来建立，但在对结果的解释上，一般倾向于从地球物理的角度解释，空间大地测量学结果对地球物理过程提供了几何约束，增强了对现有成果的佐证和解释能力。

第五，模型的检验和完善。从建模的过程看，模型检验和完善虽然是众多工作中的最后环节，但同时也是对模型是否具有实用价值的最后检验。对于地壳运动模型的检验，首先是要看它对实际形变过程的拟合程度，其次是看它对研究区域形变引起的板内应变情况与已经查明的地质构造行为的一致程度。需要指出的是，虽然对模型的检验方法大体一致，但目前已有的许多文献之间对同一区域形成的某些结果和结论尚存在较大的差异，出现这种情况的原因主要是所使用的数据类型、数目、精度、空间分布、基准等不同。因此，模型的检验和完善程度是相对的，尤其是目前对某些实际动力过程不规则部分缺乏了解时，对模型是否实用将更难做出判定。

§2.2 刚性地壳运动的数学模型

建立各种规模不同的板块运动模型(本书在不致混淆的情况下,将地壳运动也称为板块运动或块体运动)的目的主要是了解发生在板块边界的各种构造现象和解释板块运动的力学机制。板块运动主要有两种方式:第一种是板块间的相对运动,第二种是板块相对于某一与该板块无关的绝对参考框架的绝对运动。

根据板块构造理论,地球上各大板块并非是一成不变的,而是在时刻不停地运动着。正是这些板块运动改变和控制着地球现今和未来的地形、地貌,塑造着美丽星球上一轮又一轮的沧海桑田。尽管到目前为止,学界对板块运动的驱动机制尚无统一认识(孙付平 等,1998b;傅容珊 等,2001),然而各大板块存在量级不同的持续运动却是不争的事实,而且许多自然灾害都与地壳运动有关。因此,如何定量描述和认识板块运动及其形变就成为地学研究的一项重要课题。

根据经典力学中的固体“定点转动位移定理”,在球面上,刚体的任何有限位移等效于绕通过该定点的某轴的一次转动,并可用欧拉定理定量刻画。最初,用欧拉定理在定量描述板块运动时,其困难在于地球的板块既然在不断运动,且存在持续运动和变形,那么如何保证地球能被看作一个球体是首要解决的理论问题。板块构造运动学说对这个问题做了如下解决:在描述板块的运动时,通常认为板块是刚性的,它有能力在很长的距离内传递应力,但其内部并不发生明显的塑性形变;板块在大洋中脊形成扩张增生带,在俯冲带形成消亡带,但板块边界在发生相对运动时,它们的增生与消减总体上是平衡的,在沿地球大圆的任何断面上,都必须保持扩张增生总量和消亡压缩总量的补偿以保证这种平衡。因此,地球表面积(或地球半径)在漫长的地球运动演化过程中,并不发生显著的增加或减小。显然,基于以上假设,地球可以被近似看成一个刚性球体,在大尺度范围内,以欧拉定理为数学基础描述地球上各大板块的刚体运动是合理的。

根据欧拉定理,板块运动可用欧拉矢量 $\boldsymbol{\omega}$ 定量刻画,若用 $\boldsymbol{V}$ 表示板块运动速度,$\boldsymbol{r}$ 表示板块上点的矢径,则板块运动速度可表示为

$$\boldsymbol{V}_g=\boldsymbol{\omega}\times\boldsymbol{r} \tag{2.1}$$

式中,下标“g”表示刚性运动。若将欧拉矢量 $\boldsymbol{\omega}$ 和速度 $\boldsymbol{V}$ 分别用其直角坐标分量 ω_x、ω_y、ω_z 和 V_x、V_y、V_z 表示,则有关系式

$$\boldsymbol{V}_g=\begin{bmatrix}V_x\\V_y\\V_z\end{bmatrix}_g=\begin{bmatrix}0&z&-y\\-z&0&x\\y&-x&0\end{bmatrix}\begin{bmatrix}\omega_x\\\omega_y\\\omega_z\end{bmatrix} \tag{2.2}$$

又根据球面地理坐标和球心直角坐标的转换关系得

$$\boldsymbol{V}_{\mathrm{g}}=\begin{bmatrix}V_x\\V_y\\V_z\end{bmatrix}_{\mathrm{g}}=\begin{bmatrix}0 & r\sin\varphi & -r\cos\varphi\sin\lambda\\-r\sin\varphi & 0 & r\cos\varphi\cos\lambda\\r\cos\varphi\sin\lambda & -r\cos\varphi\cos\lambda & 0\end{bmatrix}\begin{bmatrix}\omega_x\\\omega_y\\\omega_z\end{bmatrix}\qquad(2.3)$$

式中，λ、φ 为板块上一点的经纬度。实际中，观测值往往是以地面站速度形式给出，所以有必要将式(2.3)表示的地心参考坐标系中的速度转化为对应点的站心参考坐标系中的经向(北向)速度 V_{n}、纬向(东向)速度 V_{e} 和垂直方向速度 V_{u}，其转换关系为

$$\boldsymbol{V}_{\mathrm{g}}=\begin{bmatrix}V_{\mathrm{e}}\\V_{\mathrm{n}}\\V_{\mathrm{u}}\end{bmatrix}_{\mathrm{g}}=\begin{bmatrix}-\sin\lambda & \cos\lambda & 0\\-\sin\varphi\cos\lambda & -\sin\varphi\sin\lambda & \cos\varphi\\\cos\varphi\cos\lambda & \cos\varphi\sin\lambda & \sin\varphi\end{bmatrix}\begin{bmatrix}V_x\\V_y\\V_z\end{bmatrix}\qquad(2.4)$$

若顾及板块运动主要以水平运动为主，则可忽略 V_{u} 得

$$\boldsymbol{V}_{\mathrm{g}}=\begin{bmatrix}V_{\mathrm{e}}\\V_{\mathrm{n}}\end{bmatrix}_{\mathrm{g}}=\boldsymbol{A\omega}=\begin{bmatrix}-r\cos\lambda\sin\varphi & -r\sin\lambda\sin\varphi & r\cos\varphi\\r\sin\lambda & -r\cos\lambda & 0\end{bmatrix}\begin{bmatrix}\omega_x\\\omega_y\\\omega_z\end{bmatrix}\qquad(2.5)$$

式中，$\boldsymbol{A}$ 的元素由测站所处的位置坐标和矢径大小计算。式(2.5)即板块刚性运动模型(rigid motion model，RM)，该模型在地壳运动研究中得到了广泛应用。显然，根据此式，如果已知板块的欧拉旋转矢量和站心位置，则可以方便地求得站心速度，并据此绘制板块运动的速度场图像。反之，若已测得一定数目的站心速度和位置，亦可反演欧拉矢量，进而推求欧拉极坐标和块体的旋转角速度。在地学中，板块运动的欧拉极通常被定义为通过地心的某个轴与地球表面的交点。欧拉运动的角速度与欧拉极的关系为

$$\left.\begin{aligned}\omega_x&=\boldsymbol{\omega}\cos\varphi\cos l\\\omega_y&=\boldsymbol{\omega}\cos\varphi\sin l\\\omega_z&=\boldsymbol{\omega}\sin\varphi\end{aligned}\right\}\qquad(2.6)$$

式中，l、φ 分别为欧拉极的地理坐标对应的经、纬度，$\boldsymbol{\omega}$ 为绕欧拉轴的旋转角速度，且有关系式为

$$\left.\begin{aligned}\boldsymbol{\omega}&=\sqrt{\omega_x^2+\omega_y^2+\omega_z^2}\\l&=\arctan\left(\frac{\omega_y}{\omega_x}\right)\\\varphi&=\arctan\left(\frac{\omega_z}{\sqrt{\omega_x^2+\omega_y^2}}\right)\end{aligned}\right\}\qquad(2.7)$$

式(2.1)至式(2.7)给出了板块刚性运动的数学表示，它们既可以描述板块间相对运动，也可以描述板块基于某一参考框架的绝对运动，区别仅在于式(2.1)中欧拉矢量 $\boldsymbol{\omega}$。若 $\boldsymbol{\omega}$ 为相邻板块边界相对运动的旋转矢量，则计算的是板块间的相对运动；若 $\boldsymbol{\omega}$ 是相对于某一绝对参考框架，则给出的是板块相对于该参考框架的绝对

运动。此外，需要指出的是，由于以上各模型均是在刚性假定下推导的，所以模型中欧拉矢量是可以叠加的，即

$$\boldsymbol{\omega}_{ij}+\boldsymbol{\omega}_{jk}=\boldsymbol{\omega}_{ik} \tag{2.8}$$

式中，i、j、k 表示三个不同的板块，$\boldsymbol{\omega}_{ij}$ 表示板块 j 相对于板块的转动，$\boldsymbol{\omega}_{jk}$、$\boldsymbol{\omega}_{ik}$ 按下标依此类推。某些文献称式(2.8)为板块运动的“闭合回路”。根据“闭合回路”并结合式(2.1)即可计算任意两个板块间的相对运动速率。

§2.3 地壳运动的参考框架

根据运动学理论，任何运动都必须找到参照物，研究块体运动也必须找到参照物，地壳运动的“参照物”即参考框架。为了能精确研究全球板块运动及描述发生在地球上的各种构造运动和几何变化，需要建立一个高精度的地球参考框架。通常，运动是相对于特定参考系统通过一系列运动参数体现的，地球动力学运动参数是在一定的参考框架下给出的，这些参考框架就构成各种运动形式的背景场。

对于地壳运动，理论上需要建立一个理想的、严格的参考框架，这个参考框架应能满足固定在地球上且与地球无相对运动的条件。但客观上，由于地球总是处于不断运动及变化的状态之中，要找到一个理想的、绝对不动的参考框架是困难的。实际中，可以人为地定义一个足够好的参考框架，在这个参考框架中，地球只存在形变，不存在整体旋转和平移，而对于惯性参考系统，地球只存在整体运动，如地球自转运动等。这个人为定义的参考框架允许地球有形变，但目前为止，还无法用准确的地球物理或数学模型研究地球形变，理想的参考框架实际上是不能实现的。因此，实际中，总是做某些假定之后，给出一个近似的参考框架。根据维持参考框架的数据不同和定义不同，目前，参考框架可分为地球物理框架和大地测量参考框架两种形式。

2.3.1 地球物理参考框架

所谓地球物理参考框架是指利用各种地球物理探测资料，在满足一定的地球物理假设基础上建立起来的板块运动参考框架，其参照物一般选为下地壳的平均地幔。这种参考框架先对地球深部物质圈层做稳定假设，即通常认为地幔及以下圈层平均位置是固定不变的，或至少其内部运动相对于其上层板块运动是次要的，可以忽略。在此种假设条件下的下层地幔可作为板块运动的参考框架，称为平均岩石圈框架。

基于上地幔稳定不变的平均岩石圈框架有两种实现方式：一种是基于热点理论，另一种是基于岩石圈层无整体旋转理论(胡明城，1994；李延兴 等，2007a)。前者认为，在地幔中存在一系列热点，这些热点相对于中圈层是固定的，而板块相对

于热点的运动即板块的绝对运动，运动幅度和速率可通过测量跨越热点的火山链的距离和年龄推算得到。后者则认为岩石圈与地幔或软流圈的耦合是侧向均匀的，并且板块边界的综合力矩是对称作用于相邻板块边界的。如果这种假设正确，那么岩石圈无整体旋转(no-net-rotation，NNR)参考框架就是相对于下层地幔不动的绝对参考框架，考察板块上任一点相对该参考框架的运动即板块绝对运动。同时，式(2.8)给出的闭合回路，亦可作为块体相对运动的参考框架。

地球物理参考框架所使用的资料主要包括转换断层走向、地震滑移矢量、海底扩张速率三类。这些资料通常是以百万年左右为时间尺度的地球物理探查数据，所以以地球物理资料建立和维持的地球物理参考框架为参照时，所给出地壳运动状态反映的也必然是以百万年左右为时间尺度的地球长期运动结果。例如，现代地学发展中著名的四代模型(金双根 等，2002)(第一代 LP68，第二代刚体板块运动模型 RM1，第三代 CH72、P071 和刚体板块运动模型 RM2，第四代 NUVEL-1 和 NNR-NUVEL-1A)给出的研究成果都是这种参考框架下的全球板块运动模型，它们给出的板块运动参数必然是以百万年为时间尺度的运动背景场的描写。

2.3.2　大地测量参考框架

随着甚长基线干涉测量、卫星激光测距、激光测月(lunar laser ranging，ILR)、GPS 和多里斯系统(Doppler Orbitograph and Radio Positioning Intergrated by Satellite，DORIS)等现代大地测量技术的发展、完善和相互间协作的加强，利用大地测量技术维持一个高精度的全球参考框架成为可能。实际上，国际上早在 20 世纪 70 年代就开始筹划建立一个由多种空间技术共同参与和维护的高精度全球参考框架。目前，国际地球参考框架(international terrestrial reference frame，ITRF)是由国际地球自转服务局(International Earth Rotation Service，IERS)负责维护和定期发布的。由于建立一个理想的大地参考系统很困难，所以，实际中一般使用协议大地测量参考系统(conventional terrestrial reference system，CTRS)，相应地，其参考框架称为协议大地测量参考框架(conventional terrestrial reference framework，CTRF)。这个参考系统的实现必须满足以下四个条件：

(1)协议大地测量参考框架的原点定义在包括海洋和大气的整个地球质量中心。

(2)协议大地测量参考框架的尺度定义为广义相对论下局部地球参考框架内的尺度。

(3)协议大地测量参考框架的定向由国际时间局(Bureau International de I'Heure，BIH)给出的在历元 1984.0 的地球自转参数确定。

(4)协议大地测量参考框架的定向相对于地球岩石圈遵循无整体旋转约束条件。

自1988年发布第一个国际地球参考框架以来，目前为止，国际地球自转服务局已向全球发布了多个参考框架。目前，最新一期国际地球参考框架是2008年发布的，ITRF2012也即将发布。由于历次所使用的大地测量观测台站数据种类、数目及数据处理方式不同，故历史上所采用的全球参考框架之间存在一定的差异。为了使各次参考框架研究成果能相互比较，国际地球自转服务局通过IGS网站定期向全球发布各参考框架的转换参数，一般是按布尔莎模型给出相似变换的七个坐标转换参数。通过这些转换参数，可方便地将各参考框架下的站点坐标和速率等观测值相互换算至统一的参考框架下。IGS发布的ITRF2008与历次参考框架的转换参数，如表2.1所示。

表2.1 IGS发布的ITRF2008与历次参考框架的坐标和速率转换参数

参考框架	平移参数/mm			尺度比/(10^{-9})	旋转参数/(0.001(°)/a)			参考历元
	T_x	T_y	T_z	D	R_x	R_y	R_z	
ITRF2005	−2	−0.9	−4.7	0.94	0	0	0	2000
	0.3	0	0	0	0	0	0	2000
ITRF2000	−1.9	−1.7	−10.5	1.34	0	0	0	2000
	0.1	0.1	−1.8	0.08	0	0	0	2000
ITRF1997	4.8	2.6	−33.2	2.92	0	0	0.06	2000
	0.1	−0.5	−3.2	0.09	0	0	0.02	2000
ITRF1996	4.8	2.6	−33.2	2.92	0	0	0.06	2000
	0.1	−0.5	−3.2	0.09	0	0	0.02	2000
ITRF1994	4.8	2.6	−33.2	2.92	0	0	0.06	2000
	0.1	−0.5	−3.2	0.09	0	0	0.02	2000
ITRF1993	−24	2.4	−38.6	3.41	−1.71	−1.48	−0.3	2000
	−2.8	−0.1	−2.4	0.09	−0.11	−0.19	0.07	2000
ITRF1992	12.8	4.6	−41.2	2.21	0	0	0.06	2000
	0.1	−0.5	−3.2	0.09	0	0	0.06	2000
ITRF1991	24.8	18.6	−47.2	3.61	0	0	0.06	2000
	0.1	−0.5	−3.2	0.09	0	0	0.02	2000
ITRF1990	22.8	14.6	−63.2	3.91	0	0	0.06	2000
	0.1	−0.5	−3.2	0.09	0	0	0.02	2000
ITRF1989	27.8	38.6	−101.2	7.31	0	0	0.06	2000
	0.1	−0.5	−3.2	0.09	0	0	0.02	2000
ITRF1988	22.8	2.6	−125.2	10.41	0.1	0	0.06	2000
	0.1	−0.5	−3.2	0.09	0	0	0.02	2000

从表2.1来看，最近几次的参考框架转换参数越来越接近，说明随着空间大地测量技术对地观测系统的完善，参考框架之间的差异越来越小，其精度越来越高，用空间大地测量技术维护高精度全球参考框架不仅可以办到，而且具有足够的稳

定性。在这样一个参考框架下研究板块运动，其结果是可靠的，可以满足块体运动及形变的研究需要。

值得注意的是，板块运动的地球物理参考框架，虽然理论上应满足地壳的整体无旋转运动的条件，但实际中并没有采取任何措施约束使其满足这一条件。事实上，地球物理参考框架与国际地球参考框架存在一定程度的不一致，如 ITRF2000 与 NNR-NUVEL-1 之间的欧拉极差值高达 12°，旋转角速度差值为 0.02(°)/Ma (金双根 等，2002)。这个差异已经超出了现代大地测量的测量误差范围，因此，在研究板块运动时，应充分考虑它们的差异。

上述差异可以采用一定的方法给予改正。从理论上，可以综合地球物理和几何空间大地测量资料找出两种框架的系统差别，从而建立综合参考框架是一种可行的方法。例如，金双根等(2002)对通过大地测量资料建立的国际地球参考框架和地球物理资料建立的全球框架(如 NNR-NUVEL-1A)之间的系统不符值进行改正，但这种方法需要考虑非常复杂的因素，增加了计算的复杂度。

为使基于地球物理参考框架和基于大地测量参考框架的研究成果可以相互比较，研究二者的框架差异是必要的。但是，为避免框架转换误差，直接利用空间大地测量资料建立几何空间的国际地球参考框架，其可靠性和精度都相对更有保证。几何观测量在一个参考框架下的形变与参考框架是无关的，即便是参考框架有一定误差，也不会影响对板内形变的研究和处理。但是，如果综合两种资料，则势必要将两种资料下的位移进行融合处理，则融合环节的误差会使形变分析结果受到影响。如果要将国际地球参考框架下的结果与地球物理模型框架下的结果进行比较，应扣除二者不一致的整体旋转部分。这部分差异，很可能是近年来新的块体构造运动引起的。在排除数据原因后，有理由相信大地空间测量技术的结果更可靠，这部分差异应该是地球物理模型自身忽略板内形变造成的，或者说，地球物理方法正需要空间大地测量技术改善其本身对块体运动刚体假设带来的必然问题。

§2.4　地壳运动的地球物理模型和大地测量模型

在板块学说的形成和发展过程中，对板块之间相互运动的测量和研究一直是地球科学家的一项重要任务。在研究板块运动时，根据数据来源不同，可分为地球物理模型和大地测量模型两大类。至今，人们已根据古地磁资料、海底探测资料和地震资料建立了一批描述全球板块运动的地球物理模型。比较可靠的板块运动的地球物理观测量通常有两种：一种是相邻板块的相对运动，包括扩张速率、汇聚速率和错动速率；另一种是相对运动方向，包括转换断层方位角和地震滑动矢量。获取这两类观测量的方法有多种，如马修斯方法和地形法等。NUVEL 系列模型是基于地质、地球物理资料建立的全球板块运动模型的主要代表。根据地球物理建立的地壳运动模型的突出优势，在于其具有明确的物理意义。

利用大地测量技术建立地壳运动模型一般有两种方式：一是直接根据基线测定监测点间的相对位移，根据选定的参考点估算研究区域的块体相对运动；二是根据全球参考框架，对数据统一处理后，研究点位在一段时期内的平均变化，给出运动速率。与地球物理模型一样，可根据不同的参考基准，方便地给出地壳运动相对于不同背景场的运动参数。

基于大地测量资料建立地壳运动模型，与基于地质、地球物理资料建立地壳运动模型的主要不同在于：

(1)大地测量对地壳的监测结果是地壳运动在地球表面的直接反映，与地球物理通过古地磁、转换断层方位及一段时期地震滑移矢量间接推算的结果有本质区别。

(2)基于地球物理的地壳运动模型，均是建立在一定的假设基础上的，其理论的合理性和可靠性尚有待进一步验证。

(3)地球物理模型给出的模型一般是以百万年甚至更长时间为时间尺度的平均结果，对于现势的地壳运动反映不足，而大地测量观测资料是现阶段地壳运动的直接反映，具有良好的现势性。

(4)地球物理模型基于板块刚性运动的理论框架认为板块相对运动和形变只在板块边界一定范围内发生，板块内部不发生形变，因此，无法探测板内较小区域详细运动状态。但大地测量能否探测板块的形变信息只取决于是否在研究区域设置了监测点及监测点分布、数目等情况。理论上，只要布置了监测点，即可利用大地测量观测资料直接监测地壳形变，而不需要进行任何推算，并且还可进一步进行地壳内部形变的应变状态研究。

(5)大地测量的监测数据成果精度远远高于地球物理根据地质探查资料间接推算的结果。

第3章　大地测量反演与地壳运动

如果将地球动力学及其过程看作一个物理系统，则描述这一系统运行的数学物理模型需要解决两方面的问题：一是必须能够实时测定系统正在发生的各种过程的输出信号，采集现时大地构造演化过程的记录信息；二是探测地球内部介质分布及其物理化学特性的信息，借以建立地球构造的数学物理模型。只有在这两方面的问题都同时得到解决并取得长足进展时，才有可能根据现有地学理论和假说构造地球动力学模型，并进行数值模拟和推演方面的工作(许才军 等，2006)。地球动力学系统涉及地球深部的物质参数和构成，而人类至今还无法探测地球深部的精细结构。因此，目前对于地球深部动力学机制的知识主要通过建立地球浅部的某些现象(这些现象如重力场变化、地壳形变、介质参数异常分布等都是地球内部动力学过程的输出信号)与地球深部结构参数的数学物理模型经过反演获得。利用大地测量技术研究地球动力学问题，主要是通过大地测量反演技术来实现的，因此，大地测量反演是大地测量深入地学研究领域的核心问题。本章对大地测量反演学科的形成与发展、基本概念、特点、常用反演方法、解的不适定问题及解的评价等核心问题进行简要阐述。

§3.1　反演问题的一般概念

3.1.1　模型空间与数据空间

自然界的客观事物总是处在不断变化和演化过程之中，为描述蕴含在其中的客观规律，人们习惯上将这些客观事物抽象为一个物理系统 。但是，选择什么样的量描述一个特定物理系统不是唯一的。换句话说，描述物理系统时，量的选择具有不确定性。但是每一种选择都构成系统的一种形式上的模型，如果将一种特定“选择”抽象为众多系统模型中的一个点，则可进一步将由这些点构成的点集抽象为模型空间，将描述这种系统的量称为模型参数。假设一个系统的全部或主要特征可以通过有限个参数来表征，则这种系统称为可参数化的系统，模型参数的特定选择称为模型参数化。

显然，当一个系统可以通过选择特定参数体现时，表征这个系统的模型也就随之确定了。然而，很多模型参数是不易确定的，如在地球物理中，地球深部的力学特性参数往往是通过某些地表直接观测量间接推测的。为此，需要进行大量试验获取与模型参数具有紧密联系的直接观测量。这个过程不仅要保证直接观测量的准确性和可靠性，更重要的是要设法使被观测量能最大限度地携带用于确定模型参数的信息。测量手段及技术差异导致观测数据有多种形式，观测量的含义也不尽相同，从对系统描述的角度，可将不同形式的观测数据统称为数据，并引入数据空间的概念，任何一种与模型参数有关联的观测数据都是数据空间中的一个点或分量。

3.1.2 正演问题与反演问题

如果将模型空间中的一个点定义为 $\boldsymbol{m}$，把数据空间中的点定义为 $\boldsymbol{d}$，按照某种物理定律，假设二者存在如下关系

$$\boldsymbol{d}=G\boldsymbol{m} \tag{3.1}$$

式中，G 为模型空间 $\boldsymbol{M}$ 到数据空间 $\boldsymbol{D}$ 的一个映射，由于其形式未知，为一般化，亦可称为泛函算子，它反映了模型参数 $\boldsymbol{m}$ 与数据 $\boldsymbol{d}$ 之间的物理定律。对于地学问题，$\boldsymbol{m}$ 大多是多维参数，$\boldsymbol{d}$ 亦是多维数据，而 G 则可以代表一个积分算子或微分算子，也可以是一个矩阵或一个函数。若 G 是线性算子，则式(3.1)表示的是一个线性系统模型；若 G 是非线性算子，则式(3.1)表示的是一个非线性系统模型。从空间映射来看，若存在一个映射算子 A，使得

$$\boldsymbol{m}=A\boldsymbol{d} \tag{3.2}$$

成立，则称 A 为由数据空间 $\boldsymbol{D}$ 到模型空间 $\boldsymbol{M}$ 的一个映射，此时 G 与 A 互称为逆映射或逆算子，它们的关系如图 3.1 所示。习惯上，用 G^{-1} 表示 G 的逆算子，因此式(3.2)大多写为

$$\boldsymbol{m}=G^{-1}\boldsymbol{d} \tag{3.3}$$

式中，G^{-1} 仅仅是用来表示广泛意义上的逆映射记号，与数学中的广义逆不同。当模型参数 $\boldsymbol{m}$ 与数据 $\boldsymbol{d}$ 有显式函数关系时，G^{-1} 表示反函数；当 G 为一个微分算子时，G^{-1} 表示积分算子。有时 G^{-1} 并不一定是某一算子或函数，而是代表一个过程。

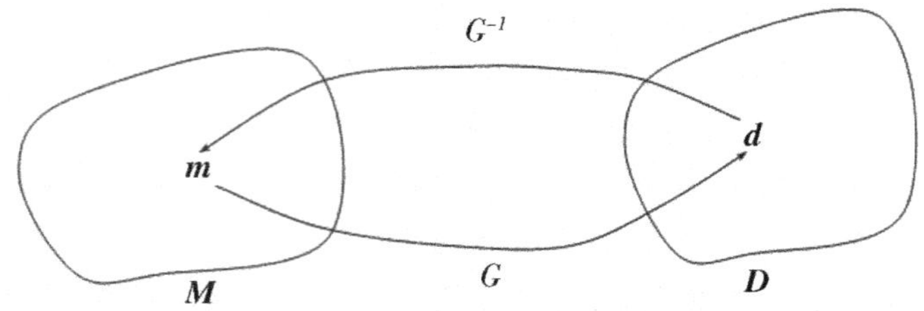

图 3.1 模型空间与数据空间的映射关系

以上模型中，如果问题是由 $\boldsymbol{m}$ 求解数据 $\boldsymbol{d}$，则称为正问题；相反，如果由数据 $\boldsymbol{d}$ 求解 $\boldsymbol{m}$，则称为反问题。正反问题的求解过程分别称为正演和反演。由式(3.1)和式(3.3)知，正演问题涉及两方面内容：一方面，通过试验构建物理定律，即必须对所研究的问题具有足够的认识，能够提出关于模型参数与数据之间公认的数学物

理模型；另一方面，当数学物理模型被确定后，如何对事物发展和演化进行预测。反演问题往往是建立在对正演问题解决的基础之上的，若对正演问题的本质无足够的认识(不能提出数学物理模型)，则一般来讲，反演问题也无法开展，这种情况多数是人类目前无法认知的空白领域。然而，这并不是说当正演问题得到圆满解决时，反演问题就一定能顺利进行，最常见是 G 已经确定但 G^{-1} 无法确定的情况。

3.1.3　反演问题的解

当系统的模型参数和数据之间的关系被正确确定后，就需要考虑反演模型解的存在性及唯一性等问题。美国著名的反演理论学者罗伯特·帕克(Parker)1970 年将反演问题的研究内容归纳为以下四个方面：

(1)解的存在性：给定数据 $\boldsymbol{d}$，能否找到满足要求的模型参数 $\boldsymbol{m}$。

(2)模型构制：如果解存在，如何构制问题的数学物理模型使问题的解能迅速而准确地确定。

(3)解的唯一性：若解存在，解是否唯一。

(4)解的评价：若解是唯一的，如何从非唯一解中获取真实解的信息。

以上给出的四个方面的问题虽然最初是针对地球物理模型的，但实际上对于反演问题具有普遍指导意义。就解的存在性而言，单从数学上考虑是一项颇具挑战性的课题，但对于地球物理反演，几乎可以肯定所有反演模型的解都存在。因为这些模型本来就是从实际观测试验中得来，所以模型参数本身包含了研究问题的有效信息。但是，也是从大量试验中得知，尽管模型参数的解必然存在，但是模型参数的解并不唯一。这是因为目前人类对研究的对象只能通过有限观测去表征无限维的模型空间，在这种情况下，求得的解必然是非唯一的，尤其是在地学反演的问题中，几乎都存在这种现象。为了说明解的非唯一性，这里引进“零空间”的概念(姚姚，2002)。假定对给定的观测数据 $\boldsymbol{d}$，存在两个模型参数 $\boldsymbol{m}_1$ 和 $\boldsymbol{m}_2$ 都满足式(3.1)，即

$$\left.\begin{aligned}\boldsymbol{d}&=G\boldsymbol{m}_1\\ \boldsymbol{d}&=G\boldsymbol{m}_2\end{aligned}\right\}\tag{3.4}$$

则有

$$G\boldsymbol{m}_1-G\boldsymbol{m}_2=G\boldsymbol{m}^0=0\tag{3.5}$$

由于 $\boldsymbol{m}_1$ 和 $\boldsymbol{m}_2$ 是两个不同的解，因此其差值不等于零，定义满足式(3.5)的 $\boldsymbol{m}^0$ 为零向量，由零向量组成的模型空间称为零空间。这样，在任何包含零空间的模型空间中，只要反演问题的解 $\boldsymbol{m}$ 存在，其解都是非唯一的。也就是说，除 $\boldsymbol{m}$ 外，还存在另一个解 $\boldsymbol{m}^*$，它与 $\boldsymbol{m}$ 一起映射到数据空间的一个点 $\boldsymbol{d}$ 上，因为

$$G\boldsymbol{m}^*=G\boldsymbol{m}+G\boldsymbol{m}^0=\boldsymbol{d}\tag{3.6}$$

因此，模型空间可分成两个部分(姚姚，2002)，如图 3.2 所示，分别由点 $\boldsymbol{m}$ 和

$\boldsymbol{m}^0$ 构成，$\boldsymbol{m}^0$ 在映射 G 的作用下的像为零向量或零函数。

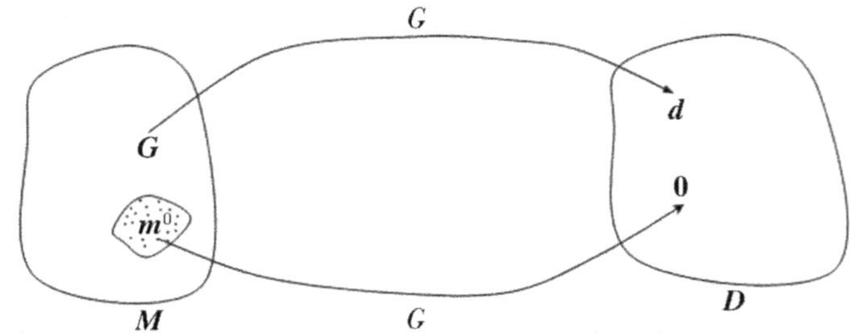

图 3.2 零空间与数据空间的映射关系

关于反演问题中的解，除了不唯一性之外，还可能因为数据中包含误差对映射产生的扰动导致映射关系的不稳定，这两类问题称为反演模型的不适定问题。不适定问题是反演分析中一项重要的研究课题。

§3.2 大地测量反演学科的形成与发展

基于地质、地震、地壳运动学、大地构造学、地球动力学、地球物理学研究地球组成、形态、运动和演化的理论已相当成熟，从各自不同的侧面，应用不同的技术、手段观测和揭示地球的组成、运动和演化过程。基于以上学科开展地球动力学研究，对于人类认识、理解和解释发生在地球深部及外部的许多地学现象及规律是十分必要的，尤其是对探明对人类生存造成巨大威胁的自然灾害（如地震等）的发生机理方面有现实意义。但是，在相当长的时期内，地球动力学的研究由于数据资料的有限性、单一性及模型的不精确表达等因素而处在定性研究阶段，相对于当代高度发展的科学技术，其固有的局限性也越来越明显，迫切地需要现代大地测量学的参与。

随着各类空间对地观测技术的出现、成熟和普及，大地测量已完成了从常规地面测量到空间高精尖技术的历史性跨越，测量技术的突破使测量精度和效率大幅度提高。今天，人们几乎可以利用任何一种空间大地测量技术开展洲际和全球测量，已实现了无人工干预的自动化连续观测和数据预处理（陈俊勇，2010）。现代空间对地观测技术或组合技术可提供几乎任意时空分辨率的观测序列，具有检测全球板块瞬态地学事件的能力，且已完全摆脱了过去无法认知地球表层全貌的困难。其高精度和准实时性足以监测地壳运动、变形、地球自转及重力场变化等各种地球动力学过程的大地测量信号，完全有能力放弃对地球刚体不变均匀旋转的假设，将地球描述成一个动力系统，并为地质、地球物理、板块构造理论等提供运动学及重力场的大地测量约束和基础数据，为地球动力学研究注入新鲜血液。

大地测量技术观测成果是地球深部复杂动力演变输出的力学信息，这就决定了利用这些输出信息研究地球动力学机制只能采用反分析方法。因此，利用大地测量技术研究地学问题，其本质必定是采用大地测量反演技术进行的。大地测量反演目前尚属于一门新兴学科，由于这一概念的出现及形成过程始于对地球动力学及地球内部结构参数的研究，因此，大地测量反演总是与地球科学的许多分支学科（如地质学、地震学、地球物理学、地球运动学等）交织在一起，成为了现代地球科学中一门最具活力的分支学科。

一般来讲，发展反演技术的目的有两个（姚姚，2002）：第一，通过长期实践和观察，将原本存在但不被人类认知的规律表达出来，形成新的科学理论，如地震台站利用长期积累的地震记录、大地测量资料及野外实际观测研究地震震源机制；第二，根据已确认的理论框架，利用长期积累的观测资料推测相应理论架构模型中的若干参数，最终达到完善和精化模型的目的。大地测量反演深入地球动力学和其他地球科学领域，主要是基于第二个目的，即通过大地测量独特的技术手段，为地学分析方法及成果提供几何空间上的约束，为地学有关地球动力学机制的解释提供定量化依据。一方面为大地测量学开辟了新的研究领域，促进了学科的交叉与融合；另一方面又促使传统地学中某些理论更完善，为地学发展做出重要贡献。

§3.3　大地测量反演的技术特点

大地测量反演是利用空间大地测量手段获取地球表面的位移信息，研究地球表面的客观形变随时间的演化特征和规律，利用建立的特定反演模型推求地球内部的物性参数和特征，揭示与之相关的地球内部动力过程的一门边缘学科，是大地测量学的重要组成部分，也是地球动力学的新兴研究领域。其研究对象是整个地球或地球的某个局部。其研究方法是以实际观测、模拟和试验研究相结合，在对变形数据、模型和约束条件进行准确的数学描述的基础上，根据数学物理方程导出准确稳定的算法及结果（独知行 等，2003a；赵少荣 等，1992）。其研究内容包括地壳运动的几何学、运动学、动力学和地球深部动力学解释等方面的反问题的数学、物理性质及解的构成和评价方法。

大地测量反演技术的研究对象和大地测量技术的自身技术体系决定了它具有以下三个明显特点，理解和关注这些特点有助于推动大地测量技术进一步深入地球动力学研究并有针对性地认识和解决大地测量反演应用中的一些关键问题。

3.3.1　大地测量反演与物理解释并重

人类要认识地球动力学全过程，就必须研究如何正确定量描述这些动力学过程的数学物理模型，而要建立这样的模型，就需要实时测定地球动力系统正在发生的各种过程的输出信号，采集能推演其历史过程的各种记录信息，并且探测地球内部介质及其物理、化学特性信息，借此建立地球构造的物理模型。只有这样才可能根据现有的地学理论和假说，研究地球的动力学机制，对发生在板块之间或板内的各种构造运动与形变进行科学解释，弄清其机理，从而对地震预报、高原隆升机制、海底扩张等造成的地球环境恶化给出应对措施，最终转化为对社会服务的科学效益。在这一过程中，大地测量技术是从空间几何的角度获取了地球动力系统在地表的输出信号，其技术系统与传统地学方法完全不同，因此，通过建立两类资料的融合反演分析模型，可以实现两类成果的相互印证和约束，增加了成果的可靠性。然而，反演的结果必须在地球动力学中得到合理解释才能真正发挥作用，如果反演结果与现有的已知理论在解释上难以符合，那么所进行的反演工作可能会失去意义。

3.3.2 大地测量反演问题具有很强的不适定性

地壳形变物理解释的任务是以变形测量成果为基础阐明变形体客观形变的演化特征和规律，从而研究其力学成因和物理本质。变形测量的物理解释是利用已知形变“结果”推求“原因”(独知行 等，2003)，这决定了对地壳形变的物理解释及分析方法只能采取反演分析方法。从理论上看，一方面由于“形变”是客观的，其状态值必是某一确定值，而形变观测一般只能从地球表面或某一局部获得，而客观变形则来自于包括地球内部许多因素在内的半无限空间的“集成值”。因此，从形变“结果”出发，利用反演分析方法，不可能推求真正的“原因”，这种形式的不适定主要表现为在应用中，即模型解的不唯一性。因此，可以说地形变反演分析中的“不适定”问题是固有的。另一方面，由于任何观测都会受各种干扰而含有误差，且观测结构不佳也会影响数值结果，使得反演解不稳定。由于对研究对象的认识不足，建立模型时，参数选择可能会出现过度“参数化”而导致复共线性问题，这将会造成另一种形式的不适定问题(卢秀山 等，2003，2008)。可见，地壳形变反演分析中的不适定问题已然成为这一研究领域的主要困难之一，虽然目前对大地测量不适定问题已提出了不少解决方法，但地学问题固有的复杂性导致其不适定问题至今尚未形成公认、权威的良好解决方法。为克服不适定性，通常是基于经验和先验知识建立针对模型参数的约束条件以改善解的不适定性。

3.3.3 大地测量反演问题的解具有评价的不确定性

大地测量反演问题的研究对象是整个地球或地球的局部。地球是一个具有层次结构的多体动力系统(周硕愚 等，2004)，其内部及外部物理表象及机制都相当复杂。人类虽然竭尽所能去探求地学事件的各种因果关系，试图搞清楚其中的规律，但是，仍然只能了解其中某个局部规律，所建立的数学物理模型由于不能反映地学事件的全貌而带有先天的局限性。因此，不管是地质学、地球物理还是大地测量，都是从某些特定方面着手研究地学问题的，而且限于目前所掌握的知识，建立的模型往往都还是对所研究问题的近似表达，甚至对于有些问题目前还不能建立任何模型（如地震预报、高原隆升），更不用说提出反问题。

另外，大地测量反演所建立的反演模型绝大多数为非线性模型，一般难以利用具有严格定义的数学关系直接解算，只能依赖数值方法得出模型的近似解。当有关于参数求解的、可靠的先验约束信息时，数值解给出的是介于约束端点之间的近似解，相对于无任何约束的单纯数值方法获得的自由解，此时的反演解更接近模型所反映的现象背后的客观动力学机制。

通过以上分析，当利用大地测量反演给出某种结果时，它可能正确反映了真实的地球动力学机制，也可能仅拟合了一类地球动力学的输出现象。对反演结果的评价，实质上有两层含义：一是对其所采用的正演模型与真实地学规律的符合程度进行评价，若得到肯定，则等同于认可了正演模型所涉及的已有理论；二是对模型数值结果的可靠程度进行评价，当结果得到肯定时，证明了算法是有效的。

§3.4　大地测量反演研究进展和取得的成果

3.4.1　大地测量反演研究进展

近 20 年来，国内外学者基于 GNSS、卫星激光测距等大地测量观测成果，运用大地测量反演技术研究了许多地学专题，较好地补充了传统地球物理等方法无法深入的研究“盲区”。例如，在地壳形变监测（牛之俊，2006）、地球物理形变模型的检验（Argus et al，1995）及地壳运动速度场的建立（刘经南 等，2001；Wangqi et al，2001）方面做了大量研究；Wangqi 等（2001）利用地震矩张量和 GNSS 监测数据联合反演了海城盖州地区速度结构和震源位置等。以上研究表明：通过 GNSS 等现代空间测量监测资料，通过反演技术，足以检测地壳运动和构造变形的细微变化，特别适用于板块边界和形变模式复杂的区域形变分析，这些成果总结起来主要是：

（1）基于板块构造理论，研究了板块运动及形变，初步获得了中国大陆板内运动及动力学特征的同时，还研究了板内构造和地幔对流，定性地解释了中国大陆现今地质构造成因和板块运动力源驱动机制，为开展定量地壳构造活动研究提供了运动学和动力学背景（丁国瑜，1991；许忠淮 等，1992；黄立人 等，1999；李延兴 等，2006b）。

（2）基于位错理论研究区域及断层形变模式。根据弹性力学理论，结合有限元分析方法，给出了地表位移的计算公式。在此基础上，导出了在各向同性的均匀半无限介质空间中，任意倾角的矩形位错面以任意方向的常位错分布而产生的地表及地球内部位移场的通用表达式（Okada et al，1986；孙建宝 等，2007）；随着这一理论的不断发展，提出了约束非线性最优化算法反演断层参数，并讨论了双断层反演问题（赵少荣 等，1995）。

（3）利用多种观测资料（如观测位移、重力、应力和应变等物理量），研究区域应力场、应变场，反演块体的边界作用力。国外学者提出利用地震矩张量获得的地壳应变率反演地壳运动速度场的方法（Haines et al，1993），该方法得到了广泛的发展并取得了很多成果（Holt et al，2000；Kreemer et al，2000；楼小挺 等，2007；杨少敏 等，2008；李志才 等，2009；朱守彪 等，2009；许才军，2001；许才军 等，2010）；独知行等（2003a）用数值分析方法研究构造应力场，使该方向的研究由模拟研究发展到实际应用，由线性叠加发展到非线性三维有限元法；根据区域内应力主向观测结果反演了中国及邻区边界作用力和影响因素（许忠淮 等，1992；安美建 等，1998）；联合 GPS 位移数据和区域应力场数据研究了区域边界力、应力场（党亚民 等，1998；独知行 等，2003a）。

以上大地测量资料研究结果表明了中国大陆地壳形变与地球动力学特征与规律，与传统地质和地球物理研究结论相比，表现在两个方面：

（1）具有定性上的一致性。中国大陆板内各主要块体在印度板块驱动和太平洋板块、菲律宾海板块的影响作用下，各块体都存在着持续的运动及变形，块体除做相对的刚性运动外，块体内部的变形也相当明显。

（2）具有定量上的准确性。大陆动力学背景下研究变形的范围、幅度、变形模型、特征参数、各种物理量及复杂的变形现象等，涉及块体边界和内部的物理力学性质，虽然某些成果与传统地学方法相比，数量上有所不同，但鉴于现代大地测量技术的高精度、高时空分辨率和数据处理的先进性，目前一般多倾向于认为大地测量成果更准确和深刻地揭示了大陆动力学过程。

因此，无论是从地学研究的实际需求，还是从科学研究手段和方法的进步考虑，地壳运动及地球动力学结合大地测量技术开展研究，具备了比以往任何时候都更加有利的条件，通过大地测量技术和地质、地球物理等各种资料结合，使成果之间相互约束和检验，形成多源数据融合分析技术理论与体系，才能更加合理地呈现“真实的地球”。

3.4.2 联合大地测量反演

早期，数据匮乏使地壳运动及其动力学解释主要依赖于地磁、转换断层方向，以及地震滑移矢量等地质、地球物理方法，多采用单一物理观测量或地址探查资料推算地表位移速率，进而建立某种地学物理模型，以此推演相关的地壳运动参数。现代空间大地测量技术使关于地壳运动的观测信息日益增多，且精度上远高于地质资料的间接推算结果。鉴于此，利用多种数据建立融合分析模型必将成为大地测量与地学领域的共同发展领域之一，即联合大地测量反演的地学模型。

大地测量地球物理联合反演模型就是融合了大地测量和地球物理资料的反演方法。近年来,联合大地测量研究十分活跃。学者们联合大地测量资料、活断层运动速率和地震矩张量反演了地壳运动速度场;Holt 等(1995)利用第四纪以来断层滑动速率和 GPS 观测值反演了亚洲地壳运动速度场;许才军等(2000,2010)采用 GPS 和地震矩张量反演计算了中国大陆地壳运动速度场图像等。

联合大地测量反演在应用中需要解决的一个重要问题是各类数据的相对权比确定。联合反演中,由于不同数据来自不同技术类型的观测值或不同时期的同类观测值,在反演分析中其对模型参数贡献度难以把握或精度不匹配,故不能合理分配其权值(即相对权比),最终使大地测量反演结果受到影响。因此,如何确定联合反演分析模型的相对权比,使各类数据在模型求解中自洽地分配其贡献,就成为联合大地测量反演的关键问题之一。本书结合作者近年研究,提出一种针对具有先验可靠信息的观测值,根据先验精度信息对其相对权比施加约束,并将相对权比与模型参数一同反演的新方法,并通过一组模拟数据检验了其有效性,相关研究将在第 8 章中进行详述。

§3.5　大地测量反演的数学方法

大地测量反演问题一般被表示成一个目标函数极值问题,进而可转换为数值寻优的问题。其分析方法根据问题本身复杂程度,可选择解析法和数值法,由于大地测量中的反演问题大多为非线性模型,所以解析法实际能够应用的空间很小。非线性大地测量反演绝大多数都是采用数值法来进行的。独知行等(2003a)将数值法又分为两种:第一种是逆解法,即利用现有的观测几何或地球物理量求解,用正演方程反推得到的逆方程,从而得到待定参数,此法只适用于线性模型,其优点是可快速、一次性推导出所有参数;第二种是直接法(也称为优化反演法),其实质是将参数反演转化为目标函数寻优的问题,利用数值最优化算法搜索求解。数值最优化算法按搜索方式不同,可分为遍历式搜索和概率转换法两种方式:遍历式搜索需在给定的范围内逐点搜索参数解,搜索效率低下,只适合模型空间不大的反演问题;概率转换法可在搜索过程中,按一定方式改变搜索方向,逐步缩小搜索范围,效率较高,如遗传算法、模拟退火法、蚁群算法、区间法、改进的蒙特卡罗法等。根据不同的反演研究对象,这些方法运用和选择也不同。独知行等(2003a)给出了一个大地测量反演方法的详细分类表,对实际反演问题及应用可提供一定参考,其具体分类方法如图 3.3 所示。

总的来说,大地测量反演的物理解释是对地壳形变现象认识的进一步深化,它与地震学、地球物理学等学科的结合,在研究地壳动力学和地球深部结构细节、地球内部动力过程和物性特征等方面不仅具有理论意义,而且具有实用价值。经过

20多年的发展，大地测量反演研究作为一种数据处理方法已被地球科学界广泛接受，相关研究工作取得了较大的进展。不过，大地测量反演理论的数学严密性、各方面应用的深度和广度还有待进一步提高，如模型问题的适定性、算法收敛性、结果的可靠性与评价方法等，都是今后应当关注的主要问题。

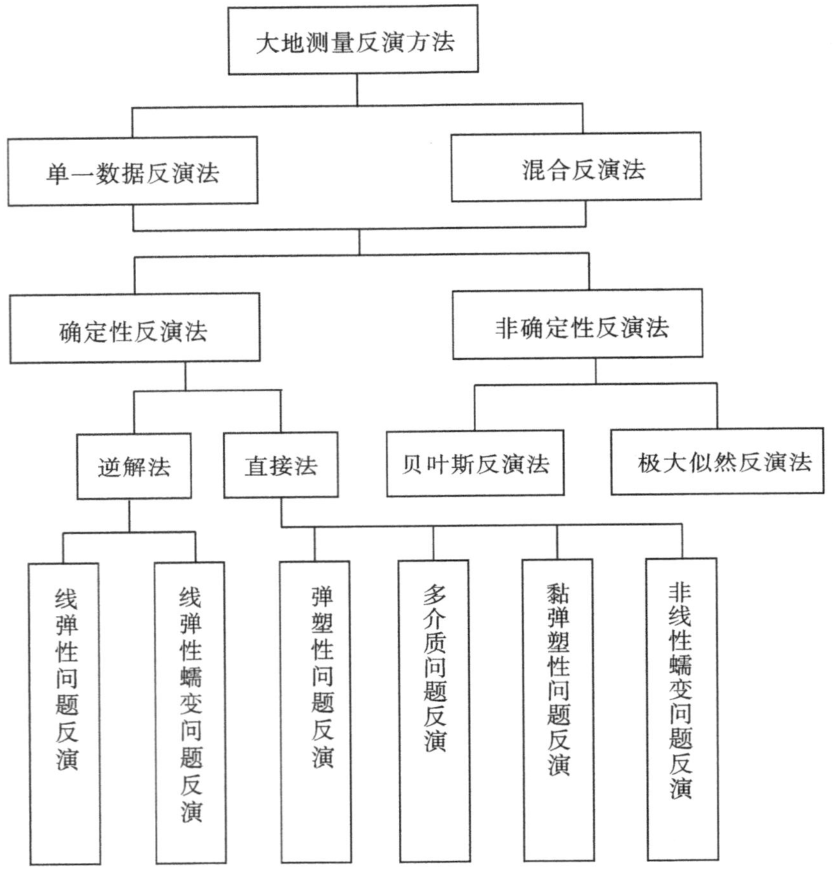

图3.3 大地测量反演分类方法

第 4 章　两种地壳刚性—弹塑性形变反演分析模型

在研究板块运动时，板块构造运动理论常将板块看成刚性的。如果把地球看成球体，球心看成强制在地球表面上做刚体运动的固定点，则地壳运动可用式(2.1)或式(2.8)给出的刚体地壳运动模型描述。

利用板块刚体运动模型研究地壳运动，实际上隐含了这样一个基本前提：认为发生在板块边界的运动是很长时间内应力积累和释放引起的，应力可以在很长距离内传递，但其内部却不发生变形。20 世纪 80 年代初建立的 NNR-NUVEL-1A 模型就是基于刚性假设建立的，其结果与全球板块运动的地球物理观测值符合得很好，并且与以现代 GPS 监测数据作为约束推导的全球板块运动整体趋势在大部分区域也基本上是一致的。这说明，现今全球板块运动整体上延续了之前百万年时间尺度的地壳运动特征，全球板块基本是稳定的，因此，对大空间尺度来说，刚体假设基本是合理的。

但是，目前已发现一些板块内部存在明显变形的证据。例如，在利用由地球物理资料建立的刚性板块运动模型研究欧亚板块和北美板块的相对运动时，发现其结果与现代大地空间测量技术的研究结果差异十分明显。事实上，一些学者在利用卫星激光测距及甚长基线干涉测量监测资料分析欧亚板块相对于北美板块的运动特征时，发现在欧亚板块内部，东部和西部区域都存在偏离其相对于北美板块做整体运动约 10～20 mm 的相对运动(Morgan，1972b；孙付平，1998a)，这证实了欧亚板块内部有不同于其整体运动的运动形式存在，这反映了板块内部存在着与板块整体运动趋势不同的形变运动。又如，朱文耀等(1990)利用 1983 年至 1988 年 GPS、甚长基线干涉测量和卫星激光测距观测资料研究全球各主要板块运动时发现：在美国西海岸著名的圣安德烈斯转断层附近的基线变化速率与明斯特(Minster)和约旦(Jordan)等给出的全球版块运动模型 AM-1 预测结果差值高达 2.4 cm/a，但与该地区多年大地测量资料的研究结果符合得很好。这说明，基于全球地球物理资料的刚性板块运动模型对于板块边界的真实形变情况的反映出现了很大偏差。以上研究表明：经典刚体板块运动的模型应该受到质疑，需要对其进行进一步修正和精化。

§ 4.1　地壳弹性运动理论的提出

既然板块运动存在板内局部形变已得到证实，那么仅根据球面欧拉刚体定点旋转定理给出的板块刚性运动模型理论是不完善的,应该对其进行修正。事实上,早在 1992 年约旦等学者就曾指出板块的非刚性,且板块边界并非狭窄的而是可以发散的,即板块运动并非全部发生在相邻板块一定范围的边界带上。而 Burbidge (2004)和 Nanjo 等(2005)的研究证明,板块内部是可变形的。然而,这些研究并未对板块的刚性运动模型提出进一步的修正方法。

对刚体板块运动模型提出修正,先要解决对地壳运动的认识问题。现代空间大地测量的监测结果证实了板块内普遍存在着局部形变,这使人们可以获得一些对地壳活动的新认识:稳定的板块内部存在着局部形变,这些形变可能是由具体块体所在区域的现代地质构造活动引起的,这些构造活动可以积累应变,当应变能释放时,可能会引起地表形变,剧烈时还可引发地震,许多发生在非板块边界的地震可以证实这一点。基于以上认识,在建立板块运动模型时,应当考虑在板块整体刚体旋转的基础上叠加板内形变,但叠加形式是值得研究的。

显然,要对板块的刚性运动模型进行修正,关键在于对刚体模型叠加什么形式的板内形变,这需要对地壳的岩石圈层有充分的了解。岩石圈在不同物理状态下具有可变的物理特性。对地壳矿物晶格的研究表明,矿物晶格的定向排列在不同区域内都存在(滕吉文,2003)。这说明,在经受应力作用后,在板块构造、板内断裂带及构造异常的狭窄区域,岩石圈对应力作用的响应在不同时间尺度内表现出多种形式,既有刚性应变、弹性应变,也有既非刚性也非弹性的应变。而且当温度较低时,岩石圈受力后多表现为弹性性质,当受力达到一定程度时,近地表处会发生脆性破裂而产生地震。这就是说,只要在弹性限度内,地壳表现出来的性质是弹性性质。岩石圈的力学性能可用松弛时间来判断,松弛时间越长,则材料的弹性性质越显著,其力学性能就越接近固体材料(史述昭,1989;安欧,1992;黄晓葛 等,2003;李延兴 等,2007a)。地幔岩石的松弛时间为 10^{10} s 量级(相当于 300 年左右),即一次动力学过程中,若地幔响应时间小于 10^{10} s,则这个过程可近似将地幔看成具有弹性性质的固体地球;若地幔响应时间远大于 10^{10} s,则可以将地幔看作具有黏性性质的材料;其他情况,则是介于弹性与黏性之间。

利用现代空间大地测量资料研究板块运动,所用资料无非是几年到几十年的监测资料,其尺度远小于 10^{10} s。因此,在研究板块运动时,除了板块边界、板内断裂带及构造异常区域外,对于几年、几十年时间尺度的板块内部地壳运动与变形,可以把地球看成具有弹性的固体材料。这样,可根据固体弹性力学理论,由位移与应变的关系导出对板内刚性运动趋势的修正形式。

我国学者李延兴等在 21 世纪初发表了一系列文章(李延兴 等,2001,2003,2006,2007,2009),给出了关于地壳的弹性运动方程,并首先用于对中国大陆及邻区地壳形变的空间分布研究。从数据拟合结果与实际地壳运动差异的角度来看,远远优于以往刚体运动模型的拟合结果。

§4.2　块体的整体旋转与均匀应变模型

通过分析发现，地壳在其邻近块体的作用下，其内部将发生变形，区别仅在于程度不同，本书将这种板内变形称为弹塑性形变。一般情况下，岩石在变形阶段，任何一点都是弹塑性的，或多或少都具有弹性，也或多或少都具有塑性（李延兴等，2007）。根据经典板块构造运动理论，地球板块运动是严格遵从刚性运动规律的，因此，基于欧拉定理的板块运动可称为刚体板块运动模型。若在建立地壳运动模型时，考虑的不仅仅是块体的刚性整体旋转运动，则这种模型称为非刚体板块运动模型。为不致使问题过于复杂化，本书对非刚体板块运动模型的研究，仅限于将运动块体看作具有刚性—弹塑性力学特性的固体运动场。

很显然，对于块体的非刚体运动模型，即便是仅考虑弹塑性性质，对于板内形变依然是很难描述的。为此，可进一步假设板内一点除了与所在块体一起做刚性运动外，还伴随有与块体整体运动趋势（百万年时间尺度左右的、稳定的整体趋势性运动）不一致的均匀塑性形变运动，即不考虑板内点间的塑性变形规律的差异。

研究板内形变时，通常使用球面正交坐标系。在建立球面正交坐标系时，通常将地球近似看成标准球体，以球面作为地壳的参考面，但这并不妨碍模型的适用性，因为弹塑性运动模型所包含的参数都是应变参数，它们仅与受力情况有关，与参考系无关。数学上已经证明，球面上经纬线是相互正交的，所以实际中可以以块体所包含区域的几何中心(λ_0,φ_0)为坐标原点，以过原点的纬线为 x 轴、经线为 y 轴，以任意点的经纬度 λ 和 φ 为变量建立坐标系。约定块体上任一点沿纬线到 y 轴的平行圈弧长为其 x 坐标，沿经线到 x 轴的子午圈弧长为 y 坐标，则有

$$\left.\begin{aligned} x&=r(\lambda-\lambda_0)\cos\varphi \\ y&=r(\varphi-\varphi_0) \end{aligned}\right\} \tag{4.1}$$

设块体上一点发生弹塑性形变后沿经向和纬向位移分量分别为 u 和 v，则它们都是该点位置的函数，可表示为

$$\left.\begin{aligned} u&=u(x,y) \\ v&=v(x,y) \end{aligned}\right\} \tag{4.2}$$

鉴于块体内变形产生的位移一般都很小，故可在坐标原点处将 u 和 v 按泰勒级数展开取一次项，得

$$\left.\begin{aligned} u&=u_0+\frac{\partial u}{\partial x}\mathrm{d}x+\frac{\partial u}{\partial y}\mathrm{d}y \\ v&=v_0+\frac{\partial v}{\partial x}\mathrm{d}x+\frac{\partial v}{\partial y}\mathrm{d}y \end{aligned}\right\} \tag{4.3}$$

式(4.3)顾及 $u_0=0$、$v_0=0$ 和 $\mathrm{d}x=x-x_0=x$、$\mathrm{d}y=y=y_0=y$，并令

$$\frac{\partial u}{\partial x}=\varepsilon_{ee}$$

$$\frac{\partial u}{\partial y}=\varepsilon_{en}$$

$$\frac{\partial v}{\partial x}=\varepsilon_{ne}$$

$$\frac{\partial v}{\partial y}=\varepsilon_{nn}$$

则式(4.3)可写为

$$\left.\begin{aligned}u=\varepsilon_{ee}x+\varepsilon_{en}y\\v=\varepsilon_{ne}x+\varepsilon_{nn}y\end{aligned}\right\}\tag{4.4}$$

考虑实际中感兴趣的往往是板内各点发生位移的速度，即式(4.4)一般考虑的是在单位时间内的位移及应变，故可将式(4.4)直接改写为速度公式，并用矩阵形式表示为

$$\boldsymbol{V}_s=\begin{bmatrix}V_e\\V_n\end{bmatrix}_s=\begin{bmatrix}\varepsilon_{ee}&\varepsilon_{en}\\\varepsilon_{ne}&\varepsilon_{nn}\end{bmatrix}\begin{bmatrix}x\\y\end{bmatrix}\tag{4.5}$$

将式(4.1)代入可得

$$\boldsymbol{V}_s=\begin{bmatrix}V_e\\V_n\end{bmatrix}_s=\begin{bmatrix}\varepsilon_{ee}&\varepsilon_{en}\\\varepsilon_{ne}&\varepsilon_{nn}\end{bmatrix}\begin{bmatrix}r(\lambda-\lambda_0)\cos\varphi\\r(\varphi-\varphi_0)\end{bmatrix}\tag{4.6}$$

式中，r 为块体的平均地心距，实际计算时，以地球的平均半径带入即可；下标 s 表示板块塑性水平运动，以示与刚性运动 g 的区别。

由式(4.6)中 4 个应变参数 ε_{ee}、ε_{en}、ε_{ne}、ε_{nn} 可计算每个块体的主应变 $\bar{\omega}_1$ 和 $\bar{\omega}_2$、主压应变轴的方位角 A、最大剪应变 γ_{max} 和面应变 Δ，计算公式为

$$\omega_1=\frac{1}{2}(\varepsilon_{ee}+\varepsilon_{nn})-\frac{1}{2}\sqrt{\gamma_{en}^2+(\varepsilon_{ee}-\varepsilon_{nn})^2}\tag{4.7}$$

$$\omega_2=\frac{1}{2}(\varepsilon_{ee}+\varepsilon_{nn})+\frac{1}{2}\sqrt{\gamma_{en}^2+(\varepsilon_{ee}-\varepsilon_{nn})^2}\tag{4.8}$$

$$\tan A=\frac{\gamma_{en}}{2(\omega_1-\varepsilon_{ee})}\tag{4.9}$$

$$\Delta=\omega_1+\omega_2\tag{4.10}$$

式中，$\gamma_{en}=\varepsilon_{en}+\varepsilon_{ne}$，$\gamma_{max}=\bar{\omega}_1-\bar{\omega}_2$。可见若能将板内形变从点位总体运动速度中分离出来，不仅可根据速度场进行板内应变场分析，还可根据求出的应变参数对块体进行形变模式和相关动力学分析。因此，式(4.5)或式(4.6)可称为板块或块体的弹塑性均匀应变模型。

一般地，当块体受到外力作用时，其宏观上必定会发生刚性运动，根据欧拉定点位移旋转定理，这种刚性运动等效于块体绕通过地球球心的某一固定轴旋转运

动。同时，块体内部会伴随着程度不同的弹塑性运动，如果将地壳块体看成具有连续介质的固态岩石圈，则一点的运动应是由块体整体刚性运动和局部弹塑性运动复合而成。因此，块体运动实际应遵循刚性—弹塑性运动—应变规律，将式(2.5)与式(4.6)叠加可得到块体运动变形的综合模型为

$$\mathbf{V}_h=\begin{bmatrix}V_e\\V_n\end{bmatrix}_h=\begin{bmatrix}V_e\\V_n\end{bmatrix}_g+\begin{bmatrix}V_e\\V_n\end{bmatrix}_s \tag{4.11}$$

式中，下标 h 表示块体一点的综合水平运动。由块体刚性整体运动和弹塑性运动(形变)复合而成，代入坐标后，得

$$\mathbf{V}_h=\begin{bmatrix}V_e\\V_n\end{bmatrix}_h=\begin{bmatrix}-r\cos\lambda\sin\varphi & -r\sin\lambda\sin\varphi & r\cos\varphi\\ r\sin\lambda & -r\cos\lambda & 0\end{bmatrix}\begin{bmatrix}\omega_x\\\omega_y\\\omega_z\end{bmatrix}+\begin{bmatrix}\varepsilon_{ee} & \varepsilon_{en}\\\varepsilon_{ne} & \varepsilon_{nn}\end{bmatrix}\begin{bmatrix}r(\lambda-\lambda_0)\cos\varphi\\r(\varphi-\varphi_0)\end{bmatrix} \tag{4.12}$$

式(4.12)即为块体运动的整体旋转与均匀应变模型。

块体运动的整体旋转与均匀应变模型的含义与刚性运动模型有很大的不同，主要表现在：如果有足够观测资料，利用它不仅可以更加准确地反演块体整体刚性运动的欧拉旋转矢量，同时还能给出块体内部的弹塑性应变参数，进而计算出与力学直接相关的主应变及其方向、最大剪应变和面应变。这使得整体旋转与均匀应变模型有能力兼顾地壳现今水平运动的形变—应变场分析，而且利用应变场分析，还可以了解板块边界的动力学状态，是一个名副其实的综合分析模型，完全打破了传统地学研究中运动参数和应变参数分别计算的局面，为现代地壳运动和地球动力学分析提供了有力的研究工具。

§4.3　块体的整体旋转与线性应变模型

式(4.12)是一种同时考虑了板块的刚体旋转与板内均匀塑性形变的块体运动模型，比式(2.1)给出的刚体运动模型有了较大的进展。但是，板内塑性形变引起的应变可能并不均匀，若对式(4.12)中第二项的应变参数进行线性变化假设，则可方便地将块体的整体旋转与均匀应变模型扩展到块体的整体旋转与线性应变模型。虽然对块体内部的应变进行线性假设仍然是一个比较强的假设，但是与块体运动的整体旋转与均匀应变模型相比，整体旋转与线性应变模型考虑了块体内部各点应变的差异性，理论上是对整体旋转与均匀应变模型的一种改进模型，其模型结果应更接近实际地壳运动。

设块体内部的应变是随位置变化的线性函数，即令

$$\left.\begin{aligned}\varepsilon_{ee}&=A_0+A_1x+A_2y\\ \varepsilon_{en}&=B_0+B_1x+B_2y\\ \varepsilon_{nn}&=C_0+C_1x+C_2y\end{aligned}\right\}\tag{4.13}$$

则块体上任一点由于塑性变形引起的东西向速度分量 V_{es} 和南北速度分量 V_{ns} 可由 ε_{ee}、ε_{en} 和 ε_{nn} 的积分得到，具体为

$$V_{es}=\int_0^x\varepsilon_{ee}\mathrm{d}x+\int_0^y\varepsilon_{en}\mathrm{d}y=A_0x+\frac{1}{2}A_1x^2+A_2xy+B_0y+\frac{1}{2}B_2y^2+B_1xy\tag{4.14}$$

$$V_{ns}=\int_0^x\varepsilon_{en}\mathrm{d}x+\int_0^y\varepsilon_{nn}\mathrm{d}y=B_0x+\frac{1}{2}B_1x^2+B_2xy+C_0y+\frac{1}{2}C_2y^2+C_1xy\tag{4.15}$$

将式(4.14)和式(4.15)的线性应变系数整理为系数矩阵，以角速度和坐标为参数，则可得到

$$\begin{bmatrix}V_e\\V_n\end{bmatrix}_h=\begin{bmatrix}-r\cos\lambda\sin\varphi & -r\sin\lambda\sin\varphi & r\cos\varphi\\ r\sin\lambda & -r\cos\lambda & 0\end{bmatrix}\begin{bmatrix}\omega_x\\ \omega_y\\ \omega_z\end{bmatrix}+\begin{bmatrix}A_0 & B_0\\ B_0 & C_0\end{bmatrix}\begin{bmatrix}x\\ y\end{bmatrix}+$$
$$\frac{1}{2}\begin{bmatrix}A_1 & B_2\\ B_1 & C_2\end{bmatrix}\begin{bmatrix}x^2\\ y^2\end{bmatrix}+\begin{bmatrix}A_2 & B_1\\ B_2 & C_1\end{bmatrix}xy\tag{4.16}$$

式(4.16)即为板块的整体旋转与线性应变模型。

§4.4 块体的弹塑性运动模型的检验

对一个模型优劣的评价，一般先看它是否能够较好地拟合观测数据，通常可以用对观测值的拟合残差大小和残差的标准差来衡量；其次，看它是否比较真实地反映了研究对象的一般过程，这方面通常难以量化，但可以利用模型与某些客观事实的符合程度加以验证。对于地壳运动模型的合理性，可以利用形变—应变在数量上的绝对性，即板内形变—应变与所选择的参考框架无关来验证。

4.4.1 块体应变参数的唯一性检验法

众所周知，运动是相对的，要描述一个运动，必须选择一个参考系统。一个同样的物体运动，当用不同参考系统描述时，其运动的描写参数是会发生变化的。例如，当描述我国大陆板块相对于国际地球参考框架和相对于欧亚板块的欧拉参数是不同的。但是，块体内部的应变状态参数是与参考系统无关的，它们仅取决于受力情况，如果短期内受力状况大体一致，则板内变形与应变就应该是稳定不变的。这一事实，可以用来检验一个模型的正确性，若模型是正确的，则无论选择什么参考框架，求取的应变参数都应该是相同的。

4.4.2　块体运动速度场拟合残差检验法

实际应用中，对一个数学模型优劣评价通常都是利用模型计算值与实际观测值之间的差异大小来判定的。当观测值比较多时，可采用所有观测量与模型计算值差异的算数平均值来衡量，并且同时给出总体拟合残差的中误差作为参考指标。为使各种模型优劣的比较更加清晰，可以进一步利用残差和残差中误差构造某些统计量，利用统计学中假设检验原理评判模型优劣。一般来讲，若模型可以在一定置信水平条件下通过无偏性和有效性的假设检验，则认为模型是正确的，可以用来描述研究对象。

第5章 基于最小二乘配置的地壳弹塑性形变反演模型

最小二乘配置(least squares collocation,LSC)起源于重力异常的内插和推估问题。1969年,克拉鲁普(Krarup)把推估重力异常的方法从只适用单一种类的数据发展到只要多种数据和拟推估参数存在相关关系即可使用的多种不同类型数据的联合滤波和推估。例如,利用重力异常和垂线偏差之一或其组合估计异常引力场中的任一元素、推估扰动位和大地水准面差距等。莫里兹(Moritz)对最小二乘配置进行了系统研究,于1973年提出带系统参数的最小二乘配置,并将最小二乘配置方法引入重力异常推估以外的其他领域,从而导致几何位置和重力场数据的联合求定问题,为整体大地测量奠定了理论基础。

最小二乘配置法自20世纪60年代提出以来,从最初的重力异常拟合推估领域被成功扩展应用到大地测量的各个领域,如物理大地测量、大地控制网更新扩展、坐标系转换参数求解、大地水准面精化、数字高程模型(digital elevation model,DEM)内插、GPS高程异常拟合、利用卫星测高反演海底地貌等众多领域。

最小二乘配置的基本特点是可以将不同类型的数据组织在一起,研究具有一定总体趋势但又受某些不确定因素影响的问题。模型参数中,反映趋势项的部分不具有随机性,影响趋势项的部分被看成随机干扰信号。从地壳运动及形变分析多年的研究来看,地壳运动完全具备上述特征,如果将地学研究中的、以百万年时间尺度推算的欧拉矢量确定的那部分地壳运动看作最小二乘配置模型中的趋势项,而将板内局部不规则形变看成随机干扰则是十分恰当的。但现在,导出经验的地壳形变协方差函数仍很困难,因此利用配置模型研究地壳形变、应变的文献相对较少。在国际上,日本学者 Yoichiro(1996)首先将最小二乘配置推广应用于日本关东—东海地区地壳运动与位移速率的拟合推估中,我国一些学者也先后在这一领域进行了卓有成效的探索与研究(张希 等,1998,1999,2001;江在森 等,2003,2005,2010;柴洪洲 等,2009),取得了许多有重要价值的成果。他们的研究推动了该方法在地壳运动计算及其应变分析方面的应用。

目前,就全球范围内来看,虽然布置了许多高精度GNSS监测网络,且世界上各主要国家也都在本土布设了比较密集的GPS监测网络,但是在开展小区域板内形变研究时,目前测站的空间分布还十分不均匀。有些地方只有为数有限的站点,甚至没有,加之维护经费困难,有些站点资料极少甚至不可靠。在这种情况下,应该发掘利用较少可靠站点对区域地壳形变分析的方法。从理论上,最小二乘配置模型可以完美地解决这一问题。因为,配置模型的随机信号不仅能将与观测量建立了函数关系的信号估计出来,还能利用信号的协方差矩阵将仅与观测量具有一定相关关系的信号推估出来,这一点十分有利于对测站稀少且分布不均的地区进行板内形变分析和研究。

§5.1　最小二乘配置原理

5.1.1　最小二乘滤波模型与推估模型

滤波的含义是从电磁波信号中排除各种噪声的干扰从而提取有用信号的过程。一般数据处理中,滤波被看成利用一组含有误差的观测数据求定参数最佳估值的方法。这种方法与经典最小二乘法的本质区别在于是否考虑参数的先验统计性质。通常,经典最小二乘法将全部待估参数看作非随机参数,或者虽然有一定的先验随机性质,但在参数估计时不予考虑的参数,按照经典最小二乘原理求定参数的最佳估值;滤波则是将全部待估参数看作随机变量(一般看作符合正态分布的正态随机变量),按照极大验后估计、最小方差估计或广义最小二乘估计求定参数的最佳估值。当参数确实具有先验统计信息时,滤波由于考虑了这种先验信息,一般可以得到优于最小二乘法的估计结果。

另外,更具特色的是,在待估随机参数中,有部分参数并未与观测值建立函数关系,而是仅通过一定的随机相关关系将它们联系起来,这类参数称为推估参数。无论是滤波参数还是推估参数,它们共同点都是考虑待估参数的随机性质,且测量中一般都可利用广义最小二乘法估计未知的信号(参数)。因此,根据参数先验随机性质和一组观测值求定参数的最佳估值的方法一般又称为最小二乘滤波与推估,而将与观测值建立了函数关系的那部分参数称为滤波参数,将只通过随机相关关系与观测值联系起来的那部分参数称为推估参数。若用 $\boldsymbol{S}$ 表示滤波信号,用 $\boldsymbol{S}'$ 表示推估信号,则最小二乘滤波与推估模型为

$$\boldsymbol{L}=\boldsymbol{B}\boldsymbol{Y}+\boldsymbol{\Delta} \tag{5.1}$$

式中,$\boldsymbol{Y}=\begin{bmatrix}\boldsymbol{S}\\ \boldsymbol{S}'\end{bmatrix}$,为随机参数,很多文献也称为信号。这里假定 $\boldsymbol{L}$、$\boldsymbol{\Delta}$、$\boldsymbol{S}$、$\boldsymbol{S}'$ 均为正态随机向量,且其随机模型如下:

(1)$\boldsymbol{S}$ 和 $\boldsymbol{S}'$ 的先验期望为

$$\left.\begin{aligned}\boldsymbol{E}(\boldsymbol{S})&=\boldsymbol{\mu}_S\\ \boldsymbol{E}(\boldsymbol{S}')&=\boldsymbol{\mu}_{S'}\end{aligned}\right\} \tag{5.2}$$

(2)$\boldsymbol{S}$ 和 $\boldsymbol{S}'$ 的先验方差和协方差为

$$\left.\begin{aligned}D(\boldsymbol{S})&=\boldsymbol{D}_S\\D(\boldsymbol{S}')&=\boldsymbol{D}_{S'}\\\operatorname{cov}(\boldsymbol{S},\boldsymbol{S}')&=\boldsymbol{D}_{SS'}\end{aligned}\right\}\tag{5.3}$$

(3)$\boldsymbol{\Delta}$ 的数学期望和方差为

$$\begin{aligned}E(\boldsymbol{\Delta})&=\boldsymbol{0}\\D(\boldsymbol{\Delta})&=\boldsymbol{D}_\Delta\end{aligned}\tag{5.4}$$

(4)$\boldsymbol{\Delta}$ 关于 $\boldsymbol{S}$、$\boldsymbol{S}'$的协方差为

$$\left.\begin{aligned}\operatorname{cov}(\boldsymbol{\Delta},\boldsymbol{S})&=\boldsymbol{D}_{\Delta S}\\\operatorname{cov}(\boldsymbol{\Delta},\boldsymbol{S}')&=\boldsymbol{D}_{\Delta S'}\end{aligned}\right\}\tag{5.5}$$

当 $\boldsymbol{D}_{\Delta S}=\boldsymbol{0}$、$\boldsymbol{D}_{\Delta S'}=\boldsymbol{0}$ 时，表示 $\boldsymbol{\Delta}$ 与 $\boldsymbol{S}$、$\boldsymbol{\Delta}$ 与 $\boldsymbol{S}'$是相互独立的。

对于正态分布向量来说，由极大验后估计、最小方差估计及线性最小方差估计所得的参数估值公式是相同的，有关参数性质也是等价的(崔希璋 等，2009；张勤 等，2011)。这里略去推导，按照极大验后估计直接给出信号及其误差方差估计公式，即

$$\left.\begin{aligned}\hat{\boldsymbol{Y}}&=E\left(\frac{\boldsymbol{Y}}{\boldsymbol{l}}\right)=\boldsymbol{\mu}_Y+\boldsymbol{D}_{YL}\boldsymbol{D}_L^{-1}(\boldsymbol{L}-\boldsymbol{\mu}_L)\\\boldsymbol{D}_{\Delta\hat{Y}}&=D\left(\frac{\boldsymbol{Y}}{\boldsymbol{l}}\right)=\boldsymbol{D}_Y-\boldsymbol{D}_{YL}\boldsymbol{D}_L^{-1}\boldsymbol{D}_{LY}\end{aligned}\right\}\tag{5.6}$$

根据式(5.6)，欲从函数模型式(5.1)出发求定信号估值及其误差方差，需要事先求定 $\boldsymbol{D}_L$、$\boldsymbol{D}_{SL}$、$\boldsymbol{D}_{S'L}$。为此，将式(5.1)改写为

$$\boldsymbol{L}=[\boldsymbol{B}\quad\boldsymbol{I}]\begin{bmatrix}\boldsymbol{Y}\\\boldsymbol{\Delta}\end{bmatrix}\tag{5.7}$$

根据协方差传播律可得

$$\boldsymbol{D}_L=[\boldsymbol{B}\quad\boldsymbol{I}]\begin{bmatrix}\boldsymbol{D}_Y&\boldsymbol{D}_{Y\Delta}\\\boldsymbol{D}_{\Delta Y}&\boldsymbol{D}_\Delta\end{bmatrix}\begin{bmatrix}\boldsymbol{B}^{\mathrm{T}}\\\boldsymbol{I}\end{bmatrix}=\boldsymbol{B}\boldsymbol{D}_\Delta\boldsymbol{B}^{\mathrm{T}}+\boldsymbol{D}_\Delta+\boldsymbol{B}\boldsymbol{D}_{Y\Delta}+\boldsymbol{D}_{Y\Delta}\boldsymbol{B}^{\mathrm{T}}\tag{5.8}$$

$$\boldsymbol{D}_{YL}=[\boldsymbol{I}\quad\boldsymbol{0}]\begin{bmatrix}\boldsymbol{D}_Y&\boldsymbol{D}_{Y\Delta}\\\boldsymbol{D}_{\Delta Y}&\boldsymbol{D}_\Delta\end{bmatrix}\begin{bmatrix}\boldsymbol{B}^{\mathrm{T}}\\\boldsymbol{I}\end{bmatrix}=\boldsymbol{D}_Y+\boldsymbol{D}_{Y\Delta}\tag{5.9}$$

又根据式(5.1)至式(5.5)知

$$E(\boldsymbol{L})=\boldsymbol{\mu}_L=\boldsymbol{B}\boldsymbol{\mu}_Y\tag{5.10}$$

将式(5.8)至式(5.10)带入式(5.6)得信号估值为

$$\hat{\boldsymbol{Y}}=\boldsymbol{\mu}_Y+(\boldsymbol{D}_Y\boldsymbol{B}^{\mathrm{T}}+\boldsymbol{D}_{Y\Delta})(\boldsymbol{B}\boldsymbol{D}_Y\boldsymbol{B}^{\mathrm{T}}+\boldsymbol{D}_\Delta+\boldsymbol{B}\boldsymbol{D}_{Y\Delta}+\boldsymbol{D}_{\Delta Y}\boldsymbol{B}^{\mathrm{T}})^{-1}(\boldsymbol{L}-\boldsymbol{B}\boldsymbol{\mu}_Y)\tag{5.11}$$

$$\boldsymbol{D}_{\Delta\hat{Y}}=\boldsymbol{D}_Y-(\boldsymbol{D}_Y\boldsymbol{B}^{\mathrm{T}}+\boldsymbol{D}_{Y\Delta})(\boldsymbol{B}\boldsymbol{D}_Y\boldsymbol{B}^{\mathrm{T}}+\boldsymbol{D}_\Delta+\boldsymbol{B}\boldsymbol{D}_{Y\Delta}+\boldsymbol{D}_{\Delta Y}\boldsymbol{B}^{\mathrm{T}})^{-1}(\boldsymbol{D}_{\Delta Y}+\boldsymbol{B}\boldsymbol{D}_Y)\tag{5.12}$$

式(5.11)即最小二乘滤波与推估公式。若将推估信号的先验统计信息代入

式(5.11)和式(5.12),则可进一步得到推估信号估值和相应估值误差的方差公式,即

$$\left.\begin{aligned}\hat{\boldsymbol{S}}' &= \boldsymbol{\mu}_S + (\boldsymbol{D}_{SS'}\boldsymbol{B}^{\mathrm{T}} + \boldsymbol{D}_{S'\Delta})(\boldsymbol{B}\boldsymbol{D}_Y\boldsymbol{B}^{\mathrm{T}} + \boldsymbol{D}_{\Delta} + \boldsymbol{B}\boldsymbol{D}_{Y\Delta} + \boldsymbol{D}_{\Delta Y}\boldsymbol{B}^{\mathrm{T}})^{-1}(\boldsymbol{L} - \boldsymbol{B}\boldsymbol{\mu}_Y) \\ \boldsymbol{D}_{\Delta\hat{S}'} &= \boldsymbol{D}_{S'} - (\boldsymbol{D}_{S'S}\boldsymbol{B}^{\mathrm{T}} + \boldsymbol{D}_{S'\Delta})(\boldsymbol{B}\boldsymbol{D}_Y\boldsymbol{B}^{\mathrm{T}} + \boldsymbol{D}_{\Delta} + \boldsymbol{B}\boldsymbol{D}_{Y\Delta} + \boldsymbol{D}_{\Delta Y}\boldsymbol{B}^{\mathrm{T}})^{-1}(\boldsymbol{D}_{\Delta S'} + \boldsymbol{B}\boldsymbol{D}_{S'S})\end{aligned}\right\} \tag{5.13}$$

式(5.13)在地壳形变观测资料有限、实测点空间分布很不均匀的情况下,可在研究区域适当采集均匀分布的站点坐标,根据监测台站间距离计算信号的方差-协方差矩阵后,可计算未测点速率,以此弥补监测台站点数量的不足,最终保证有充足资料研究地壳运动特征和应变状态。

5.1.2　最小二乘配置模型

最小二乘配置法的核心理论是配置原理,之所以冠于“最小二乘”字样,是因为配置模型中待估参数的最佳估值通常可根据广义最小二乘法估计。配置法可用于解决既包含非随机参数(也称为倾向参数)又包含随机参数(信号)的函数模型。这种兼有求定信号和倾向参数的估计方法即配置法。对于非随机参数,一般指那些已被完全参数化的参数,即已完全掌握了其与观测量的函数关系,原则上可利用经典最小二乘估计法求解其最佳估值;对于随机参数部分,又可分为与观测量建立了确定函数关系的随机参数(滤波信号)和未与观测量建立函数关系但与观测量存在相关关系的随机参数,其最佳估值依赖于其先验统计信息。

配置法模型可直观理解为通常的参数模型和滤波推估模型复合而成的模型,其数学形式为

$$\boldsymbol{L} = \boldsymbol{A}\boldsymbol{X} + \boldsymbol{B}\boldsymbol{Y} + \boldsymbol{\Delta} \tag{5.14}$$

式中,$\boldsymbol{A}$ 为倾向参数系数矩阵,$\boldsymbol{X}$ 为倾向参数,$\boldsymbol{B}$ 为信号系数矩阵。为推导方便,令验前单位权方差为 1,且假定 $\boldsymbol{Y}$ 有 0 期望,信号与观测噪声不相关。其他有关量的含义及统计性质与式(5.2)至式(5.5)相同。将式(5.14)改写为误差方程形式为

$$\boldsymbol{V} = \boldsymbol{A}\hat{\boldsymbol{X}} + \boldsymbol{B}\hat{\boldsymbol{Y}} - \boldsymbol{l} \tag{5.15}$$

式中,$\boldsymbol{l} = \boldsymbol{L} - \boldsymbol{A}\boldsymbol{X}^0 - \boldsymbol{B}\boldsymbol{Y}^0$,$\boldsymbol{X}^0$ 和 $\boldsymbol{Y}^0$ 分别为倾向参数与信号的近似值。由于 $\boldsymbol{Y}$ 在配置模型中被视为具有先验统计性质的随机向量,故可将其视为权为 $\boldsymbol{P}_Y$ 的虚拟观测值,按广义最小二乘原理进行求解。平差准则为

$$\boldsymbol{V}^{\mathrm{T}}\boldsymbol{D}_L^{-1}\boldsymbol{V} + \hat{\boldsymbol{Y}}^{\mathrm{T}}\boldsymbol{D}_Y^{-1}\hat{\boldsymbol{X}} = \min \tag{5.16}$$

顾及式(5.8),根据求解条件极值的拉格朗日乘数法构造极值函数,通过求偏导过程并解算一系列方程推得待估参数及信号估值为

$$\hat{\boldsymbol{X}} = (\boldsymbol{A}^{\mathrm{T}}\boldsymbol{D}_L^{-1}\boldsymbol{A})^{-1}\boldsymbol{A}^{\mathrm{T}}\boldsymbol{D}_L^{-1}\boldsymbol{l} \tag{5.17}$$

$$\hat{\boldsymbol{Y}} = \boldsymbol{D}_S\boldsymbol{B}^{\mathrm{T}}\boldsymbol{D}_L^{-1}(\boldsymbol{l} - \boldsymbol{A}\hat{\boldsymbol{X}}) \tag{5.18}$$

将式(5.18)展开,则可得滤波信号与推估信号的估值为

$$\left.\begin{aligned}\hat{\boldsymbol{S}} &= \boldsymbol{D}_{S}\boldsymbol{B}^{\mathrm{T}}\boldsymbol{D}_{L}^{-1}(\boldsymbol{l}-\boldsymbol{A}\hat{\boldsymbol{X}})\\ \hat{\boldsymbol{S}}' &= \boldsymbol{D}_{S'S}\boldsymbol{B}^{\mathrm{T}}\boldsymbol{D}_{L}^{-1}(\boldsymbol{l}-\boldsymbol{A}\hat{\boldsymbol{X}})\end{aligned}\right\} \tag{5.19}$$

由式(5.17)和式(5.18)根据协方差传播律，可得倾向参数和信号的精度估计为

$$\left.\begin{aligned}\boldsymbol{D}_{\hat{X}} &= (\boldsymbol{A}^{\mathrm{T}}\boldsymbol{D}_{L}\boldsymbol{A})^{-1}\\ \boldsymbol{D}_{\hat{Y}} &= \boldsymbol{D}_{Y}\boldsymbol{B}^{\mathrm{T}}\boldsymbol{GBD}_{Y}\\ \boldsymbol{G} &= \boldsymbol{D}_{L}^{-1}-\boldsymbol{D}_{L}^{-1}\boldsymbol{A}(\boldsymbol{A}^{\mathrm{T}}\boldsymbol{D}_{L}\boldsymbol{A})^{-1}\boldsymbol{A}^{\mathrm{T}}\boldsymbol{D}_{L}^{-1}\end{aligned}\right\} \tag{5.20}$$

令 $\boldsymbol{B}=[\boldsymbol{F}\ \ \boldsymbol{0}]$，则可得配置模型的滤波和推估信号的协方差矩阵为

$$\left.\begin{aligned}\boldsymbol{D}_{\hat{S}} &= \boldsymbol{D}_{S}\boldsymbol{F}^{\mathrm{T}}\boldsymbol{GFD}_{S}\\ \boldsymbol{D}_{\hat{S}'} &= \boldsymbol{D}_{S'S}\boldsymbol{F}^{\mathrm{T}}\boldsymbol{GFD}_{S'S}\end{aligned}\right\} \tag{5.21}$$

最小二乘配置验后单位权方差为

$$\hat{\boldsymbol{\sigma}}_{0}^{2}=\frac{\boldsymbol{V}^{\mathrm{T}}\boldsymbol{PV}+\hat{\boldsymbol{S}}^{\mathrm{T}}\boldsymbol{P}_{S}\hat{\boldsymbol{S}}}{n-t} \tag{5.22}$$

式中，n 和 t 分别代表观测值数目和倾向参数个数。

考察式(5.14)，当 $\boldsymbol{A}=\boldsymbol{0}$ 或 $\boldsymbol{X}=\boldsymbol{0}$ 时，表示模型中不含非随机参数，此时模型退化为式(5.1)所示的滤波推估模型，信号滤波与推估公式即为式(5.19)；当 $\boldsymbol{B}=\boldsymbol{0}$ 或 $\boldsymbol{Y}=\boldsymbol{0}$ 时，表示模型中不含随机参数，此时配置模型对应为参数平差模型，其估值对应于式(5.17)给出的参数最小二乘解。由此可知，经典参数最小二乘平差和随机参数的滤波与推估都是最小二乘配置的特殊形式，最小二乘配置模型是一种广义平差数据处理方法，具有广泛的适用性。

§5.2 地壳形变分析的最小二乘配置模型

最小二乘配置的一个突出特点是在根据信号的先验信息或某种机制获得信号的协方差矩阵后，即可根据最小二乘配置原理最优地估计信号。在地壳运动中，板块除了做整体刚性运动外，还存在着板内形变运动。如果将板块的刚体运动看作倾向运动，同时将板内形变看成对这种倾向运动的随机干扰(即信号)，则可根据最小二乘配置原理估计这种对板块倾向运动具有干扰性质的速率。

根据最小二乘配置法解决问题的思路，建立地壳运动分析的最小二乘拟合推估模型，应该找到能与式(5.14)所给出的各项相对应的参数。这里，利用板块运动的刚性部分对应模型中的趋势项部分，具体倾向参数取为刚性板块运动的欧拉旋转参数，信号部分参数则对应板块内部形变引起的速率。为便于清晰地认识地壳的综合运动，有必要对地壳运动进行分解讨论。为此，先给出速度合成模型，即

$$\boldsymbol{V}=\boldsymbol{V}_{g}+\boldsymbol{V}_{s}+\boldsymbol{V}_{b} \tag{5.23}$$

式(5.23)是考虑各种因素后地壳运动的综合模型。式中，$\boldsymbol{V}$表示地壳表面任意一

点的观测速度；$\boldsymbol{V}_g$ 表示测站的刚性运动；$\boldsymbol{V}_s$ 表示板内形变运动；$\boldsymbol{V}_b$ 表示除前两项以外的其他形式的运动，如冰期后地壳回弹及地球自转等引起的运动。但最新冰期地壳回弹模型 ICE-4G 研究结果表明：冰期回弹引起的地壳运动主要是沿垂直方向，且最大速度可达 8.2 mm/a，但由其引起的地壳水平运动相对于垂直运动平均不足百分之一。因此，这部分运动在研究地壳水平运动时，除在个别板块边缘及板内形变剧烈的特殊构造带需要考虑之外，一般情况下完全不必考虑。因此，板块水平运动的定量描述，一般可理解为仅由刚性运动和板内形变两部分叠加而成，为此需将式(5.23)改写为

$$\boldsymbol{V}=\boldsymbol{V}_g+\boldsymbol{V}_s \tag{5.24}$$

值得一提的是，式(5.24)对地壳运动的分解形式由三项变为两项，似乎在理论上忽略了一部分运动，显得不甚严谨。但其实，在利用最小二乘配置法建立地壳运动形变分析模型时，式(5.24)第二项完全可理解为包含了刚性运动以外的各种运动。因为冰期回弹引起的地壳形变运动不仅在数值上较小且实际上其对地壳运动的影响方式也很复杂，目前还很难精确定量刻画，所以现将其归入除刚性运动以外的随机信号部分也是比较合理的。基于上述考虑，参照式(5.14)，用于地壳运动及形变分析的最小二乘配置模型可表示为

$$\underset{q\times 1}{\boldsymbol{L}}=\underset{q\times p}{\boldsymbol{A}}\,\underset{q\times 1}{\boldsymbol{X}}+\underset{q\times m}{\boldsymbol{U}}\,\underset{m\times 1}{\boldsymbol{S}}+\underset{q\times 1}{\boldsymbol{\Delta}} \tag{5.25}$$

式中，$\boldsymbol{L}$ 为观测向量，地壳运动及形变分析中，一般为测站点的位移或速率；$\boldsymbol{X}$ 为倾向参数，此处为欧拉旋转矢量参数；$\boldsymbol{A}$ 为系数矩阵，反映了 $\boldsymbol{X}$ 对 $\boldsymbol{L}$ 的贡献；$\boldsymbol{S}$ 为随机信号，此处可理解为板内不规则形变，实际应用时为推估无测站点速度以使测站在空间域内均匀分布，信号部分既包含研究时空域内已测点的信号，也包含未测点信号，未测点信号理论上可以是无限维空间向量，这一点保证了在地壳形变分析拟合推估时，根据需要可任意布置离散的推估点位置；$\boldsymbol{U}$ 为长方矩阵($m\geqslant q$)，由左部 q 阶单位矩阵(与已测点信号对应)和右部($m-q$)阶零矩阵(与未测点信号对应)组成；$\boldsymbol{\Delta}$ 为观测噪声。

式(5.25)中，一般假定噪声与信号之间不相关，且将二者都视为符合正态分布的随机向量。这个模型的完整含义是观测值中包含了三部分信息：第一部分为由固有参数确定的变化部分，第二部分为偏离固有变化的信号部分，第三部分为观测噪声。根据最小二乘配置原理，当适当地确定信号的协方差函数后，即可求得模型中的非随机参数 $\boldsymbol{X}$ 和信号 $\boldsymbol{S}$ 的解及其精度估计值。从解算的角度看，该模型可以在研究的时空域内任意位置取点并给出所取点上的信号推估值。假设可以在整个研究区域内以很小的间距求取足够多的未测点信号，则利用此模型即可给出等效于实际观测的许多虚拟的观测点速度。从这个意义上看，最小二乘配置模型给出的应是研究区域信号连续分布的综合模型，显然，这是其他模型难以做到的。

应用地壳运动分析的最小二乘配置模型，可方便地将基于不同参考基准的地

壳运动统一到这个模型之下。由于现代 GNSS 监测资料不仅具有高精度和准实时性,而且是目前积累资料最多、最完备的技术手段。若假定已获取了 GNSS 关于某一地区的统一速度场模型,则根据表达习惯,可将式(5.25)进一步改写为

$$\underset{q\times 1}{\boldsymbol{V}} = \underset{q\times 3}{\boldsymbol{A}}\ \underset{3\times 1}{\boldsymbol{\Omega}} + \underset{q\times m}{\boldsymbol{U}}\ \underset{m\times 1}{\boldsymbol{V}_S} + \underset{q\times 1}{\boldsymbol{\Delta}} \tag{5.26}$$

式中,$\boldsymbol{V}$ 为 GNSS 观测的地壳站水平运动速度向量,通常为无整体旋转的全球参考框架下的 GNSS 测站速率;$\boldsymbol{\Omega}$ 为地壳刚性欧拉运动旋转参数向量,一般是将地壳的这种运动放在球面上讨论;$\boldsymbol{A}$ 是系数矩阵,主要包含了点的位置信息,反映了欧拉型固体刚性运动随位置的变化,具体形式为式(4.5)。这样 $\boldsymbol{A\Omega}$ 实际上相当于式(5.24)中的 $\boldsymbol{V}_g$,它表达了 GNSS 站速度中欧拉刚性运动部分。而 $\boldsymbol{V}_s$ 含义与式(5.24)基本相同,它表达了板内形变,从模型解算的角度看,由于配置模型中包含了观测噪声,所以它实际上是指扣除板块刚性运动后剩余部分中的有效信号部分(经过信号的滤波与推估后的)的剩余速度。前已阐明,$\boldsymbol{V}_s$ 是空间域内连续分布的。

这样,当已按式(5.26)建立了板块运动的配置模型时,即可按最小二乘配置法(式(5.17)至式(5.21))估计欧拉矢量和板内形变信号,并进行精度评定。

§5.3 形变分析的方差-协方差函数

利用最小二乘配置法解决实际问题,最核心的内容是根据研究的具体问题,合理地确定信号间的方差-协方差矩阵。通常,信号的方差-协方差矩阵都是根据信号的某些固有特性,假定信号间具有某种联系。这种联系可以用一个简单函数表达,根据已测点信息利用最小二乘估计拟合这个函数的具体形式,则所有信号(包括未测点信号)的方差和协方差都可通过这个函数确定,最终可根据最小二乘配置求解公式估计倾向参数和信号。

5.3.1 协方差函数原理

从式(5.11)至式(5.13)及式(5.19)至式(5.21)所给出的两组不同形式但实质等价的最小二乘滤波与推估公式可以看出:应用最小二乘配置法时,最关键的问题是要事先确定信号间(包括已测点和未测点)的方差-协方差矩阵。配置模型中信号是随机变量,其变化被看成随机过程。一般来说,不同研究对象所表现出来的随机性质是千变万化的,其过程十分复杂,难以准确刻画。但是,根据随机过程的统计理论,若一组随机变量的两个数字特征符合式(5.27)给出的条件,则其形式可以确定,即

$$\left.\begin{aligned} E(X(t)) &= \mu_X(t) = \mu_X = C \\ D_X(t, t+\tau) &= D_X(\tau) \end{aligned}\right\} \tag{5.27}$$

式中，第一式的含义是一组随机变量随某种因素 t 的变化过程中，其数学期望为一常数，不随因素 t 变化而变化；第二式的含义是各随机变量的协方差与因素 t 所处的具体状态无关，而仅与因素 t 所确定的某种度量间隔有关。数学中将满足这两条性质的随机过程称为宽平稳随机过程，将具有这种性质的协方差称为协方差函数。协方差函数具有以下三条性质：

(1)对称性。对于平稳随机函数，其协方差函数为偶函数，即有

$$D_X(\tau)=D_X(-\tau) \tag{5.28}$$

(2)规则性。当 $\tau=0$ 时，$D_X(\tau)$ 取最大值，因而对于一切 τ 恒有

$$D_X(\tau)\leqslant D_X(0) \tag{5.29}$$

(3)非负定性。

一般来讲，严密的协方差函数是难以求得的，实际中总是根据观测试验得到的关于一个随机过程的若干实现，采用某种方法估计协方差函数。在实际应用中，总是根据已有知识事先假定一个函数，然后利用观测的实现拟合出这个假定函数中的有效参数，这样确定的协方差函数又称为经验协方差函数(柴洪洲 等，2009b；江在森 等，2010)。因此，为避免确定泛函的困难，具体应用时，一般都采用经验协方差函数法确定配置模型中的信号间协方差矩阵。

不管是哪类配置问题，都必须根据具体研究问题的特点选择一种经验协方差函数形式，并拟合确定协方差函数的具体形式，这是应用最小二乘配置法解决实际问题不可回避的问题，也是关键问题。自 Yoichiro(1996)将最小二乘配置法引入地壳运动及形变、应变分析中以来，许多学者先后在这一领域开展了积极探索，其中，如何选择并确定经验协方差函数成为研究的焦点问题。目前，常用的经验协方差函数有高斯曲线函数法、Hirvonen 函数法、似高斯函数法和多项式拟合法等。根据现有研究结果，对于地壳形变、应变分析的最小二乘配置中的滤波推估到底选择哪种协方差函数还尚无定论，但大多数文献倾向于选择高斯曲线函数法。高斯曲线函数法也正是 Yoichiro 最早在研究关东—东海块体运动时所运用的经验协方差函数，后来的研究大多也都是沿用了此法。

高斯曲线函数法构造地壳形变分析的协方差矩阵的原理是基于以下认识：根据地学研究，地壳岩石圈基本上是以固态形式存在的，地壳内物质分布是连续的，当受到外界作用力时，应变可以在地壳内大范围传递。但是，任意两点间的应变差异随距离的增大而增大。换句话说，邻近点应具有相似的形变和应变，在利用配置模型研究地壳运动时，信号(局部形变)协方差函数构造应充分考虑这一事实。而高斯曲线函数法中指数前带有负号，且按平方变化，因此，若选择以距离作为度量，则高斯曲线为一随距离衰减的函数，这与地壳形变应变场的实际规律相符合。因此，凡是具有随距离衰减性质的函数，理论上都可以用来构造地壳运动分析的协方差函数，高斯曲线函数法只是其中最常运用的一种。高斯曲线函数法表达式为

$$C(S)=C(0)\exp(-K^2S^2) \tag{5.30}$$

式中，$C(0)$和K是待估参数。除高斯曲线函数法外，Hirvonen 函数也是比较常用的协方差函数，该函数式曾被用来描述美国俄亥俄州重力异常的相关关系，其表达式为

$$C(S)=\frac{C(0)}{1+\frac{S^2}{K^2}} \tag{5.31}$$

从 Hirvonen 函数的结构可以看出：距离为分母中的分子位置，故该函数亦是随距离增大而衰减的函数，符合地壳信号相关规律，其值与高斯曲线函数法相比，随距离增加的衰减速度要缓和得多。

在大地测量及其他领域，利用多项式拟合法建立协方差函数也比较常用。但是在地壳运动分析中，一方面，多项式拟合法可能会因测站点较多且分布不均匀而使拟合曲线难以保证协方差矩阵的正定性；另一方面，多项式本身比较光滑，变化比较缓慢，不太适合地壳运动分析。因此，本文不再讨论多项式拟合法。

通常，一个随机过程中的信号相关性是非常复杂的，很难事先确定其协方差函数。但可根据宽平稳随机函数各态历经的平稳随机函数性质（即满足式(5.27)的随机变量所具有的两条性质），利用一系列离散的观测值作为信号的实现来拟合协方差函数。但是该法尚需计算经验协方差函数的初值，实际上相当于给出计算经验协方差函数有效参数的观测值。具体来说，就是需要先确定协方差函数的先验统计性质，包括数学期望和方差-协方差矩阵每个元素值，可通过以下两个步骤实现：

(1)计算观测值均值及每个观测值与均值的偏离值，这一步可称为观测值的中心化。

(2)根据第(1)步计算的偏离值，利用统计学公式计算初始方差-协方差矩阵元素值。

根据上述步骤，对研究区域观测值（站速度）进行预处理或筛选后，即可计算信号的数学期望和初始方差及协方差，即

$$\left.\begin{aligned}
&\hat{\mu}_X=\frac{1}{m}\sum_{k=1}^{m}x(t_k)\\
&\hat{D}_X=\frac{1}{m-1}\sum_{k=1}^{m}[x(t_k)-\hat{\mu}_X]^2\\
&\hat{D}_X(\tau)=\frac{1}{m_\tau-1}\sum_{k=1}^{m_\tau}[x(t_k)-\hat{\mu}_X][x(t_k+\tau)-\hat{\mu}_X]
\end{aligned}\right\} \tag{5.32}$$

式中，m_τ表示间隔为τ时，求和符号中乘积的个数；m为一次实现的数据个数；t_k意义与前文一致，表示影响信号变化的某种因素。

据此，根据宽平稳随机函数的各态历经性质，以及协方差仅与间隔τ有关、而

与其所处具体位置无关这一特点，可事先依据离散观测值，统计不同间隔 τ 的协方差，然后根据最小二乘或抗差最小二乘原理估计经验协方差函数的有效参数，最终拟合确定协方差函数即可。

5.3.2 地壳形变分析的方差-协方差计算

在一般配置模型中，信号的初始方差-协方差大多是按照式(5.32)进行的。但对于地壳形变分析，若也从式(5.32)出发求解显然是不合理的。地壳运动实际上由许多成分构成，简单考虑，可以将板块上一点的运动分为刚体运动和对刚体运动的偏离。在地学中，板块刚体运动被认为是具有百万年尺度的长期运动形式，具有长期稳定性，故板块上一点的变形对这种长期运动来说，可理解为对趋势性运动的干扰信号。因此，确定信号的方差-协方差矩阵时，信号应该指板内地壳运动扣除刚性运动的剩余部分，而非简单地取形变的平均值。为此，本节采用将各监测台站的速率值减去欧亚板块相对于 ITRF2008 板块运动参数确定的刚体运动部分作为信号的中心化值，采用的参与协方差函数确定的信号为

$$\begin{bmatrix}\Delta V_{\mathrm{e}}\\ \Delta V_{\mathrm{n}}\end{bmatrix}_i=\begin{bmatrix}V_{\mathrm{e}}\\ V_{\mathrm{n}}\end{bmatrix}_i-\boldsymbol{A}\boldsymbol{\omega}_{\mathrm{NUVEL}} \tag{5.33}$$

式中，$\boldsymbol{A}$ 的形式同式(2.5)，$\boldsymbol{\omega}_{\mathrm{NUVEL}}$ 为 Altamimi 等(2011)给出的最新欧亚板块相对于 ITRF2008 的欧拉旋转角速度。考虑地壳运动在中国大陆不同区域的不同运动特征，且一般块体上东向水平速率明显大于北向运动速率，为使拟合的协方差函数尽量符合实际，应当采用分区、分方向拟合协方差函数。若假定已经根据式(5.33)求得各点中心化速率值，则可分别确定信号的初始方差-协方差矩阵各元素值，即

$$\left.\begin{aligned}C_0^e&=\frac{1}{n}\Big(\sum_{i=1}^{t}\Delta V_{\mathrm{e}i}^2\Big)\\ C_0^n&=\frac{1}{n}\Big(\sum_{i=1}^{t}\Delta V_{\mathrm{n}i}^2\Big)\end{aligned}\right\} \tag{5.34}$$

式中，C_0^e 和 C_0^n 分别表示东西方向和南北方向速度信号的初始方差，$\Delta V_{\mathrm{e}i}$ 和 $\Delta V_{\mathrm{n}i}$ 分别表示板块上第 i 个监测台站由式(5.33)中心化后的东西向和南北向速率值。同样，也可根据中心化速率值计算出信号间的初始协方差，即

$$\left.\begin{aligned}C_d^e&=\frac{1}{n_d}\big(\sum\Delta V_{\mathrm{e}i}\Delta V_{\mathrm{e}j}\big)\\ C_d^n&=\frac{1}{n_d}\big(\sum\Delta V_{\mathrm{n}i}\Delta V_{\mathrm{n}j}\big)\end{aligned}\right\} \tag{5.35}$$

式中，C_d^e 和 C_d^n 分别表示东西方向和南北方向速度信号的初始协方差，n_d 表示任意距离为 d 的点对的采样数。实际计算时，可直接按距离计算 C_d^e 和 C_d^n，不需统计距离相近的点对数，更不必要做任何距离的近似。

从式(5.30)经恒等变换可解算出指数参数，即

$$k = K^2 = \frac{1}{d^2}(\ln C(0) - \ln C(d)) \tag{5.36}$$

将式(5.34)和式(5.35)计算的初始方差和协方差代入式(5.36)即可得到一系列高斯指数函数的参数值 k。这里进行恒等变换时，已经考虑了 k 值本身的非负性，所以在按式(5.36)计算高斯指数参数时，如果 k 值为负，则可直接淘汰，最后用剩余的 k 值取平均值作为最终参数即可。

第6章　基于半参数的地壳弹塑性形变反演分析模型

高斯—马尔可夫模型是至今为止应用最广泛的线性模型，它的优势在于当选择的参数合理、事物规律、可以用线性模型简单表达时，可以利用最小二乘估计方便地获得参数最优估值。然而，当线性模型不足以表达研究问题的主体规律时，对问题进行线性近似处理，将会使模型存在较大模型误差。此时，忽略模型误差会对参数估值产生严重影响，进而使所建立的模型失去价值。为此，许多学者开始寻求解决这一问题的途径。20 世纪 80 年代发展起来的半参数回归模型及其估计理论是对高斯—马尔可夫模型的发展，对处理模型不完善具有独特效果，至今已取得了许多应用成果(孙海燕 等，2002；丁士俊 等，2003，2004；潘雄，2004；王振杰，2006；王振杰 等，2007；张俊 等，2014，2015)。

半参数模型，既含有参数分量，又含有非参数分量。所谓参数分量，一般可理解为根据所研究问题的已有知识可以完全确定的部分，其数学本质是可以用某种函数表达事物规律的主要部分。非参数分量，是基于这样的认识被提出的：由于人们对所研究事物知识的局限性，认为已经确立的函数模型可能并没有完全表达事物的规律，以至于常常无法利用这些模型完全拟合实际观测值，因此，认为一定存在某些因素是由于现有模型的不完备而未能完全表达的，而且这些因素表现出来的性质明显不同于观测噪声，在数据处理中不宜将它们归入观测噪声。为充分考虑这些因素对事物规律的贡献，应该引入一组未知量修正现有模型，这些被引入的修正量被称为“非参数”。模型中非参数是对事物发展演化规律有贡献但目前尚未被人们认识的那部分因素。总的来说，半参数模型除包含传统的观测噪声外，主要特点是还包含了参数模型和非半参数模型两个部分。从理论上，既顾及了先验知识对建模的贡献，又顾及了未知或某些不确定因素对建模的影响。因此，在描述众多实际问题时，具有更强的概括和解释能力，应用中有更好的适应性。

地壳形变是一个极其复杂的动力学过程，经过长期探索和研究，人们建立了许多函数模型描述地壳运动及其形变。其中，较早建立起来的大部分模型都属于地球物理模型，这些模型大多利用长期积累的地球物理资料建立，一般表达的是地壳长期运动的平均结果，其时间尺度是以百万年计算的。这些模型对与人类活动密切相关的现今地壳运动及形变反映不足，缺乏必要的现势性。因空间大地测量技术具有覆盖范围广、测量精度高、准实时且所获得观测量是地表形变的直接反映等特点，迅速被应用到地壳形变的研究领域。但由于利用空间大地测量技术研究地壳形变的历史不长，许多实际应用问题尚未得到解决。例如，早期利用大地测量技术研究地壳运动时，基本延续了地球物理建模的方法。主要是在板块运动的理论框架下，基于刚体旋转的欧拉定理，求解不同板块的欧拉参数，很多研究停留在与地球物理所建立的刚体模型参数的比较研究上，利用空间大地测量技术观测资料独立开展地壳形变的研究进展不大。

在我国，21世纪初，李延兴等(2001)提出块体运动的弹性模型(包括整体旋转与均匀应变模型、整体旋转与线性应变模型)后，才使得利用几何空间大地测量观测资料研究地壳运动逐步摆脱对块体运动的刚性假设，可以说地壳运动的弹性运动模型极大地发展了块体运动的刚性模型。它不仅可以求出块体的欧拉旋转矢量，还可以同时求得板内形变应变参数，为板内形变分析提供了新的研究方法，取得了许多卓有成效的成果。但是，这一模型仍然存在不少问题，如对局部的地壳形变做了均匀假设或线性应变假设。但事实上，由于地壳内部可能存在隐伏断层等多种形式的复杂构造形变，这种简单假设从理论上看，显然是难以精确描述实际变形过程的。

本章将从地壳形变的物理实际出发，提出对地壳均匀弹性运动模型和线性弹性运动模型的改善方法，建立地壳形变的半参数模型。

§6.1 半参数模型及其补偿最小二乘估计

半参数模型可以表示为

$$\boldsymbol{L}=\boldsymbol{BX}+\boldsymbol{S}+\boldsymbol{\Delta} \tag{6.1}$$

式中，$\boldsymbol{L}$ 是 n 维观测向量，其真值为 $\widetilde{\boldsymbol{L}}$；$\boldsymbol{B}$ 是 $n\times t$ 维系数矩阵；$\boldsymbol{X}$ 是 t 维参数向量，是确定性未知量，其估值为 $\hat{\boldsymbol{X}}$，真值为 $\widetilde{\boldsymbol{X}}$；$\boldsymbol{S}$ 是 n 维非参数向量(信号)，可以是随机量，也可以是非随机量，其估值为 $\hat{\boldsymbol{S}}$，真值为 $\widetilde{\boldsymbol{S}}$；$\boldsymbol{\Delta}$ 是观测误差(噪声)，$\boldsymbol{\Delta}\sim\boldsymbol{N}(0,\boldsymbol{\Sigma}_{\Delta})$，$\boldsymbol{\Sigma}$ 表示方差。

分析模型式(6.1)，其与最小二乘估计模型不同之处在于方程右端增加了一项未知向量 $\boldsymbol{S}$。$\boldsymbol{S}$ 被引进模型是基于：模型误差或观测值模型误差的性态非常复杂，无法用少量参数表示，因此给每个观测方程增加一个待定量，也就是所谓的非参数分量。这样在观测方程中既有参数分量又有非参数分量，因此式(6.1)称为半参数模型。将式(6.1)改写成误差方程为

$$\boldsymbol{V}=\boldsymbol{B}\hat{\boldsymbol{X}}+\hat{\boldsymbol{S}}-\boldsymbol{L} \tag{6.2}$$

式中，$\boldsymbol{V}$ 表示 n 维残差向量。在式(6.1)中，待估参数为 t 个 $\boldsymbol{X}$ 和 n 个 $\boldsymbol{S}$，而方程只有 n 个，所以半参数模型是一种秩亏模型，按常规平差方法不能唯一解出全部未知参数。要得到唯一解，必须附加约束条件。根据以往研究，通常补偿最小二乘估计准则

$$\boldsymbol{V}^{\mathrm{T}}\boldsymbol{PV}+\alpha\hat{\boldsymbol{S}}^{\mathrm{T}}\boldsymbol{R}\hat{\boldsymbol{S}}=\min \tag{6.3}$$

根据式(6.3)准则求解式(6.1)确定的模型,被称为补偿最小二乘估计。式中,$\boldsymbol{P}$ 为 $n\times n$ 阶方阵,是观测值的权矩阵;$\boldsymbol{R}$ 为 $n\times n$ 阶的适当选择的正定或半正定矩阵;$\alpha\in[0,+\infty)$称为光滑参数,由于可根据吉洪诺夫(Tikhonov)正则化方法导出(王振杰,2006),故一般亦称为正则参数。α 在极小化过程中,在 $\boldsymbol{V}$ 与 $\hat{\boldsymbol{S}}$ 之间起平衡作用。所谓"平衡"是指通过正则化参数调整,使最终解既能较好地拟合观测值,又能较好地保持"非参数",对于正则矩阵确定具有一定的平滑性。二次型 $\hat{\boldsymbol{S}}^{\mathrm{T}}\boldsymbol{R}\hat{\boldsymbol{S}}$ 可理解为模型误差或系统误差的某种度量。在地壳运动研究中,还可赋予其偏离刚体运动趋势的物理意义。根据式(6.2)和式(6.3),利用拉格朗日乘数法即可求得模型参数及观测值平差值,这里略去推导直接给出式(6.1)确定的模型的补偿最小二乘解,即

$$\left.\begin{aligned}\hat{\boldsymbol{S}}&=(\boldsymbol{M}_1+\alpha\boldsymbol{R})^{-1}\boldsymbol{M}_1\boldsymbol{L}\\\hat{\boldsymbol{X}}&=\boldsymbol{N}^{-1}\boldsymbol{B}^{\mathrm{T}}\boldsymbol{P}(\boldsymbol{L}-\hat{\boldsymbol{S}})\\\boldsymbol{M}_1&=\boldsymbol{P}-\boldsymbol{P}\boldsymbol{B}\boldsymbol{N}^{-1}\boldsymbol{B}^{\mathrm{T}}\boldsymbol{P}\\\boldsymbol{N}&=\boldsymbol{B}^{\mathrm{T}}\boldsymbol{P}\boldsymbol{B}\end{aligned}\right\}\tag{6.4}$$

§6.2　赋相对权比的半参数模型优化求解方法

从式(6.4)给出的半参数模型的解式可以看出,正则参数 α 和正则矩阵 $\boldsymbol{R}$ 的确定是半参数应用的关键问题。当正则矩阵已经给出时,半参数模型的正则参数的各类确定方法实质上都是起到了平衡分配这两部分对观测值贡献的比例关系的作用,因此,本节提出利用相对权比的方式合理分配二者贡献的优化解法。

按照现有的大多数文献,平滑参数需在非负实数中选择,范围过大,不利于平滑参数的确定。且当与研究问题相适应的最佳正则参数包含在事先设定的范围内时,通过最优化搜索过程,可以获得到正则参数。但当事先设定的范围太小,最佳正则参数未包含其中时,往往就只能得到局部最优参数而非全局最优参数。为此,按照式(6.3)获得可靠的正则参数,需要多次反复设置不同搜索范围才能实现,效率低下,不利于实际应用。若在式(6.3)中给残差二次型和"非参数"二次型两部分合理赋予相对权比,不但可以不丧失调节模型中两部分对求解拉格朗日函数极小值贡献的能力,还可大大缩小正则参数的搜索范围,对于大型数值问题,将起到积极作用。下面给出基于相对权比法确定正则参数的详细过程。

半参数模型及对应误差方程仍取式(6.1)和式(6.2)的形式,所不同的是在最小化准则式(6.3)中,同时在残差和补偿项部分附加相对权比参数。考虑残差和补偿项的平衡关系,这两个相对权比参数之和应等于 1,参数取值范围须限定在区间[0,1]。实际解算时的形式可为

$$\alpha\boldsymbol{V}^{\mathrm{T}}\boldsymbol{P}\boldsymbol{V}+(1-\alpha)\hat{\boldsymbol{S}}^{\mathrm{T}}\boldsymbol{R}\hat{\boldsymbol{S}}=\min\tag{6.5}$$

令 $\boldsymbol{\Phi}=\alpha\boldsymbol{V}^{\mathrm{T}}\boldsymbol{P}\boldsymbol{V}+(1-\alpha)\hat{\boldsymbol{S}}^{\mathrm{T}}\boldsymbol{R}\hat{\boldsymbol{S}}$，顾及式(6.1)和式(6.2)，按拉格朗日乘数法求条件极值，可得参数和系统误差估计值分别为

$$\hat{\boldsymbol{S}}=\boldsymbol{M}_2^{-1}\boldsymbol{W}\boldsymbol{L} \tag{6.6}$$

$$\boldsymbol{X}=\boldsymbol{N}^{-1}\boldsymbol{B}^{\mathrm{T}}\boldsymbol{P}(\boldsymbol{L}-\hat{\boldsymbol{S}}) \tag{6.7}$$

以式(6.6)和式(6.7)即为赋相对权比所得半参数模型的估计公式，式中

$$\left.\begin{aligned}\boldsymbol{W}&=\alpha(\boldsymbol{P}-\boldsymbol{P}\boldsymbol{B}\boldsymbol{N}^{-1}\boldsymbol{B}^{\mathrm{T}}\boldsymbol{P})\\\boldsymbol{M}_2&=\boldsymbol{W}+(1-\alpha)\boldsymbol{R}\\\boldsymbol{N}&=\boldsymbol{B}^{\mathrm{T}}\boldsymbol{P}\boldsymbol{B}\end{aligned}\right\} \tag{6.8}$$

为保证式(6.6)可以正常求解，下面证明 $\boldsymbol{M}_2$ 为正定矩阵。

由于 $0<\alpha<1$，$\boldsymbol{R}$ 为正定矩阵，故只需证明 $\boldsymbol{W}$ 为正定或半正定矩阵即可。

因为 $\boldsymbol{P}$ 为正定矩阵，所以存在方阵 $\boldsymbol{A}$(注意此处的 $\boldsymbol{A}$ 和前文出现的 $\boldsymbol{A}$ 意义不同)，使 $\boldsymbol{P}=\boldsymbol{A}\boldsymbol{A}^{\mathrm{T}}$，于是

$$\boldsymbol{P}-\boldsymbol{P}\boldsymbol{B}\boldsymbol{N}^{-1}\boldsymbol{B}^{\mathrm{T}}\boldsymbol{P}=\boldsymbol{A}(\boldsymbol{I}-\boldsymbol{A}^{\mathrm{T}}\boldsymbol{B}\boldsymbol{N}^{-1}\boldsymbol{B}^{\mathrm{T}}\boldsymbol{A})$$

又因为

$$\begin{aligned}&(\boldsymbol{I}-\boldsymbol{A}^{\mathrm{T}}\boldsymbol{B}\boldsymbol{N}^{-1}\boldsymbol{B}^{\mathrm{T}}\boldsymbol{A})(\boldsymbol{I}-\boldsymbol{A}^{\mathrm{T}}\boldsymbol{B}\boldsymbol{N}^{-1}\boldsymbol{B}^{\mathrm{T}}\boldsymbol{A})\\&=\boldsymbol{I}-\boldsymbol{A}^{\mathrm{T}}\boldsymbol{B}\boldsymbol{N}^{-1}\boldsymbol{B}^{\mathrm{T}}\boldsymbol{A}-\boldsymbol{A}^{\mathrm{T}}\boldsymbol{B}\boldsymbol{N}^{-1}\boldsymbol{B}^{\mathrm{T}}\boldsymbol{A}+\boldsymbol{A}^{\mathrm{T}}\boldsymbol{B}\boldsymbol{N}^{-1}\boldsymbol{B}^{\mathrm{T}}\boldsymbol{A}\boldsymbol{A}^{\mathrm{T}}\boldsymbol{B}\boldsymbol{N}^{-1}\boldsymbol{B}^{\mathrm{T}}\boldsymbol{A}\\&=\boldsymbol{I}-\boldsymbol{A}^{\mathrm{T}}\boldsymbol{B}\boldsymbol{N}^{-1}\boldsymbol{B}^{\mathrm{T}}\boldsymbol{A}\end{aligned}$$

说明 $\boldsymbol{I}-\boldsymbol{A}^{\mathrm{T}}\boldsymbol{B}\boldsymbol{N}^{-1}\boldsymbol{B}^{\mathrm{T}}\boldsymbol{A}$ 为幂等矩阵，故其特征值为 0 或 1，即 $\boldsymbol{W}$ 为半正定矩阵，原问题得证。需要指出的是，式(6.4)、式(6.6)和式(6.7)给出的解都是在正则矩阵 $\boldsymbol{R}$ 正定时得到的，按照目前正则矩阵的确定方法，有时难以保证正则矩阵的正定性，只能保证其半正定性质，所以有必要推导当正则矩阵 $\boldsymbol{R}$ 为半正定时式(6.1)的解的具体表达形式。

假设 $\boldsymbol{R}$ 为半正定时其秩亏数为 d，则为了得到“非参数”的唯一解，一般需要对非参数附加 d 个约束条件，假定附加的约束条件形式为

$$\underset{d\times n}{\boldsymbol{G}}\ \underset{n\times 1}{\hat{\boldsymbol{S}}}=\underset{d\times 1}{\boldsymbol{0}} \tag{6.9}$$

则此时需要同时顾及式(6.2) 和式(6.5)构造拉格朗日函数，即

$$\boldsymbol{\Phi}=\alpha\boldsymbol{V}^{\mathrm{T}}\boldsymbol{P}\boldsymbol{V}+(1-\alpha)\hat{\boldsymbol{S}}^{\mathrm{T}}\boldsymbol{R}\hat{\boldsymbol{S}}+2\boldsymbol{K}_1^{\mathrm{T}}(\boldsymbol{B}\hat{\boldsymbol{X}}+\hat{\boldsymbol{S}}-\boldsymbol{L}-\boldsymbol{V})+2\boldsymbol{K}_2^{\mathrm{T}}\boldsymbol{G}\hat{\boldsymbol{S}}=\min \tag{6.10}$$

式中，$\boldsymbol{K}_1$ 和 $\boldsymbol{K}_2$ 分别为 n 维和 d 维系数向量。根据条件极值的求解方法，将式(6.10)分别对参数 $\hat{\boldsymbol{X}}$、非参数 $\hat{\boldsymbol{S}}$、残差 $\boldsymbol{V}$ 求一阶偏导数并令其为零，得

$$\boldsymbol{K}_1=\alpha\boldsymbol{P}\boldsymbol{V} \tag{6.11}$$

$$\boldsymbol{B}^{\mathrm{T}}\boldsymbol{K}_1=\boldsymbol{0} \tag{6.12}$$

$$(1-\alpha)\boldsymbol{R}\hat{\boldsymbol{S}}+\boldsymbol{K}_1+\boldsymbol{G}^{\mathrm{T}}\boldsymbol{K}_2=\boldsymbol{0} \tag{6.13}$$

将式(6.11)代入式(6.12) 并顾及式(6.2)，可得

$$\hat{\boldsymbol{X}}=\boldsymbol{N}^{-1}\boldsymbol{B}^{\mathrm{T}}\boldsymbol{P}(\boldsymbol{L}-\hat{\boldsymbol{S}}) \tag{6.14}$$

将式(6.11)代入式(6.13)并顾及式(6.2)和式(6.14)，可得

$$(1-\alpha)\boldsymbol{R}\hat{\boldsymbol{S}}+\alpha(\boldsymbol{P}-\boldsymbol{PBN}^{-1}\boldsymbol{B}^{\mathrm{T}}\boldsymbol{P})\hat{\boldsymbol{S}}-\alpha(\boldsymbol{P}-\boldsymbol{PBN}^{-1}\boldsymbol{B}^{\mathrm{T}}\boldsymbol{P})\boldsymbol{L}+\boldsymbol{G}^{\mathrm{T}}\boldsymbol{K}_2=\boldsymbol{0} \tag{6.15}$$

将式(6.9)左乘 $\boldsymbol{G}^{\mathrm{T}}$ 并与式(6.15)相加，顾及式(6.8)，得

$$((1-\alpha)\boldsymbol{R}+\boldsymbol{W}+\boldsymbol{G}^{\mathrm{T}}\boldsymbol{G})\hat{\boldsymbol{S}}=\boldsymbol{WL}-\boldsymbol{G}^{\mathrm{T}}\boldsymbol{K}_2 \tag{6.16}$$

令 $\boldsymbol{U}=(1-\alpha)\boldsymbol{R}+\boldsymbol{W}+\boldsymbol{G}^{\mathrm{T}}\boldsymbol{G}$，显然 $\boldsymbol{U}$ 为正定方阵，将式(6.16)两端左乘 $\boldsymbol{GU}^{-1}$，顾及式(6.9)，可得

$$\boldsymbol{K}_2=(\boldsymbol{GU}^{-1}\boldsymbol{G}^{\mathrm{T}})^{-1}\boldsymbol{GU}^{-1}\boldsymbol{WL} \tag{6.17}$$

将式(6.17)代入式(6.16)，得

$$\hat{\boldsymbol{S}}=\boldsymbol{U}^{-1}(\boldsymbol{WL}-\boldsymbol{G}^{\mathrm{T}}\boldsymbol{K}_2) \tag{6.18}$$

则式(6.14)及式(6.18)即为正则矩阵 $\boldsymbol{R}$ 为半正定时，利用本节提出的赋相对权比法确定平滑参数给出的参数及“非参数”解式。与普通半参数模型解法相比，该法附加了约束条件式(6.9)，能保证所有参数被唯一估计。

§ 6.3　半参数模型解的统计性质

6.3.1　估计量 $\hat{\boldsymbol{X}}$ 和 $\hat{\boldsymbol{S}}$ 是有偏估计量

对式(6.6)两边取数学期望，得

$$\begin{aligned}E(\hat{\boldsymbol{S}})&=\boldsymbol{M}^{-1}\boldsymbol{W}E(\boldsymbol{L})\\&=\boldsymbol{M}^{-1}\boldsymbol{W}\tilde{\boldsymbol{L}}\\&=\alpha\boldsymbol{M}^{-1}(\boldsymbol{P}-\boldsymbol{PBN}^{-1}\boldsymbol{B}^{\mathrm{T}}\boldsymbol{P})\boldsymbol{B}\tilde{\boldsymbol{X}}+\boldsymbol{M}^{-1}\boldsymbol{W}\tilde{\boldsymbol{S}}\\&=\boldsymbol{M}^{-1}\boldsymbol{W}\tilde{\boldsymbol{S}}\\&=\tilde{\boldsymbol{S}}+(\boldsymbol{M}^{-1}\boldsymbol{W}-\boldsymbol{I})\tilde{\boldsymbol{S}}\end{aligned} \tag{6.19}$$

式(6.19)表明：$\hat{\boldsymbol{S}}$ 为有偏估计，且偏量为 $(\boldsymbol{M}^{-1}\boldsymbol{W}-\boldsymbol{I})\tilde{\boldsymbol{S}}$。

同样，对式(6.7)两边取数学期望，得

$$\begin{aligned}E(\hat{\boldsymbol{X}})&=\boldsymbol{N}^{-1}\boldsymbol{B}^{\mathrm{T}}\boldsymbol{P}E(\boldsymbol{L}-\hat{\boldsymbol{S}})\\&=\boldsymbol{N}^{-1}\boldsymbol{B}^{\mathrm{T}}\boldsymbol{P}\tilde{\boldsymbol{L}}-\boldsymbol{N}^{-1}\boldsymbol{B}^{\mathrm{T}}\boldsymbol{P}E(\hat{\boldsymbol{S}})\\&=\boldsymbol{N}^{-1}\boldsymbol{B}^{\mathrm{T}}\boldsymbol{P}(\boldsymbol{B}\tilde{\boldsymbol{X}}+\tilde{\boldsymbol{S}})-\boldsymbol{N}^{-1}\boldsymbol{B}^{\mathrm{T}}\boldsymbol{P}E(\hat{\boldsymbol{S}})\\&=\tilde{\boldsymbol{X}}+\boldsymbol{N}^{-1}\boldsymbol{B}^{\mathrm{T}}\boldsymbol{P}(\boldsymbol{I}-\boldsymbol{M}^{-1}\boldsymbol{W})\tilde{\boldsymbol{S}}\end{aligned} \tag{6.20}$$

式(6.20)表明：参数估值 $\tilde{\boldsymbol{X}}$ 也是有偏估计，若令 $\boldsymbol{H}_1=\boldsymbol{N}^{-1}\boldsymbol{B}^{\mathrm{T}}\boldsymbol{P}(\boldsymbol{I}-\boldsymbol{M}^{-1}\boldsymbol{W})$，则偏量为 $\boldsymbol{H}_1\tilde{\boldsymbol{S}}$。

6.3.2　估计量 $\hat{\boldsymbol{X}}$ 和 $\hat{\boldsymbol{S}}$ 的均方误差

由于 $\hat{\boldsymbol{X}}$ 和 $\hat{\boldsymbol{S}}$ 都为有偏估计量，其精度通常需要用均方误差衡量。有偏估计量 $\hat{\boldsymbol{X}}$ 的均方误差可以表达为

$$\begin{aligned}\mathrm{MSE}(\hat{\boldsymbol{X}}) &= E((\hat{\boldsymbol{S}}-\tilde{\boldsymbol{S}})^{\mathrm{T}}(\hat{\boldsymbol{S}}-\tilde{\boldsymbol{S}})) \\ &= \mathrm{tr}(D(\hat{\boldsymbol{X}})) + \| E(\hat{\boldsymbol{X}}) - \tilde{\boldsymbol{X}} \|^2\end{aligned} \tag{6.21}$$

根据式（6.6）和式(6.7)，将参数估值 $\hat{\boldsymbol{X}}$ 写为

$$\begin{aligned}\hat{\boldsymbol{X}} &= \boldsymbol{N}^{-1}\boldsymbol{B}^{\mathrm{T}}\boldsymbol{P}(\boldsymbol{L}-\hat{\boldsymbol{S}}) \\ &= \boldsymbol{N}^{-1}\boldsymbol{B}^{\mathrm{T}}\boldsymbol{P}(\boldsymbol{I}-\boldsymbol{M}^{-1}\boldsymbol{W})\boldsymbol{L}\end{aligned} \tag{6.22}$$

令 $\boldsymbol{H}_2 - \boldsymbol{N}^{-1}\boldsymbol{B}^{\mathrm{T}}\boldsymbol{P}(\boldsymbol{I}-\boldsymbol{M}^{-1}\boldsymbol{W})$，则

$$D(\hat{\boldsymbol{X}}) = \boldsymbol{\sigma}_0^2 \boldsymbol{H}_2 \boldsymbol{P}^{-1} \boldsymbol{H}_2^{\mathrm{T}} \tag{6.23}$$

顾及式(6.20)和式(6.21)，易得参数 $\hat{\boldsymbol{X}}$ 的均方误差为

$$\begin{aligned}\mathrm{MSE}(\hat{\boldsymbol{X}}) &= \mathrm{tr}(D(\boldsymbol{X})) + \| E(\hat{\boldsymbol{X}}) - \tilde{\boldsymbol{X}} \|^2 \\ &= \mathrm{tr}(\hat{\sigma}_0^2 \boldsymbol{H}_2 \boldsymbol{P}^{-1} \boldsymbol{H}_2^{\mathrm{T}}) + \tilde{\boldsymbol{S}}^{\mathrm{T}} \boldsymbol{H}_1^{\mathrm{T}} \boldsymbol{H}_1 \tilde{\boldsymbol{S}}\end{aligned} \tag{6.24}$$

令 $\boldsymbol{H}_3 = \boldsymbol{M}^{-1}\boldsymbol{W}$、$\boldsymbol{H}_4 = \boldsymbol{M}^{-1}\boldsymbol{W} - \boldsymbol{I}$，同理可求出估值 $\hat{\boldsymbol{S}}$ 的均方误差表达式为

$$\begin{aligned}\mathrm{MSE}(\hat{\boldsymbol{S}}) &= \mathrm{tr}(D(\boldsymbol{S})) + \| E(\hat{\boldsymbol{S}}) - \tilde{\boldsymbol{S}} \|^2 \\ &= \mathrm{tr}(\hat{\sigma}_0^2 \boldsymbol{H}_3 \boldsymbol{P}^{-1} \boldsymbol{H}_3^{\mathrm{T}}) + \tilde{\boldsymbol{S}}^{\mathrm{T}} \boldsymbol{H}_4^{\mathrm{T}} \boldsymbol{H}_4 \tilde{\boldsymbol{S}}\end{aligned} \tag{6.25}$$

6.3.3 半参数估计的单位权方差的无偏估计

以往有关半参数回归模型的补偿最小二乘解一般都只讨论了参数估值与系统误差估值的有偏性，较少讨论估值的单位权方差的性质。为准确评价参数估值的精度，本节导出了半参数模型的补偿最小二乘解的单位权方差的无偏估计的理论公式，并通过模拟算例验证了导出的公式是正确的。

由于半参数模型的补偿最小二乘解的残差及自由度与经典最小二乘解不同，因此其单位权方差也与最小二乘估计不同，且与平滑参数有关。

根据式(6.2)、式(6.20)和式(6.21)容易导出半参数估计残差的数学期望为

$$\begin{aligned}E(\boldsymbol{V}) &= \boldsymbol{B}E(\hat{X}) + E(\hat{\boldsymbol{S}}) - E(\boldsymbol{L}) \\ &= \boldsymbol{B}\tilde{\boldsymbol{X}} + \boldsymbol{B}\boldsymbol{N}^{-1}\boldsymbol{B}^{\mathrm{T}}\boldsymbol{P}(\boldsymbol{I}-\boldsymbol{M}^{-1}\boldsymbol{W})\tilde{\boldsymbol{S}} + \tilde{\boldsymbol{S}} + (\boldsymbol{M}^{-1}\boldsymbol{W} - \boldsymbol{I})\tilde{\boldsymbol{S}} - \boldsymbol{B}\tilde{\boldsymbol{X}} - \tilde{\boldsymbol{S}} \\ &= (\boldsymbol{B}\boldsymbol{N}^{-1}\boldsymbol{B}^{\mathrm{T}}\boldsymbol{P}-\boldsymbol{I})(\boldsymbol{I} - \boldsymbol{M}^{-1}\boldsymbol{W})\tilde{\boldsymbol{S}} \\ &= \boldsymbol{K}\tilde{\boldsymbol{S}}\end{aligned} \tag{6.26}$$

式中，$\boldsymbol{K} = (\boldsymbol{B}\boldsymbol{N}^{-1}\boldsymbol{B}^{\mathrm{T}}\boldsymbol{P}-\boldsymbol{I})(\boldsymbol{I}-\boldsymbol{M}^{-1}\boldsymbol{W})$。

根据式(6.1)得

$$\begin{aligned}\hat{\boldsymbol{L}} &= \boldsymbol{B}\hat{\boldsymbol{X}} + \hat{\boldsymbol{S}} \\ &= \boldsymbol{B}\boldsymbol{N}^{-1}\boldsymbol{B}^{\mathrm{T}}\boldsymbol{P}(\boldsymbol{L}-\hat{\boldsymbol{S}}) + \boldsymbol{M}^{-1}\boldsymbol{W}\boldsymbol{L} \\ &= \boldsymbol{B}\boldsymbol{N}^{-1}\boldsymbol{B}^{\mathrm{T}}\boldsymbol{P}(\boldsymbol{I} - \boldsymbol{M}^{-1}\boldsymbol{W})\boldsymbol{L} + \boldsymbol{M}^{-1}\boldsymbol{W}\boldsymbol{L} \\ &= (\boldsymbol{B}\boldsymbol{N}^{-1}\boldsymbol{B}^{\mathrm{T}}\boldsymbol{P}(\boldsymbol{I}-\boldsymbol{M}^{-1}\boldsymbol{W}) + \boldsymbol{M}^{-1}\boldsymbol{W})\boldsymbol{L} \\ &= \boldsymbol{H}\boldsymbol{L}\end{aligned} \tag{6.27}$$

式中，$\boldsymbol{H} = \boldsymbol{B}\boldsymbol{N}^{-1}\boldsymbol{B}^{\mathrm{T}}\boldsymbol{P}(\boldsymbol{I}-\boldsymbol{M}^{-1}\boldsymbol{W}) + \boldsymbol{M}^{-1}\boldsymbol{W}$，一般称 $\boldsymbol{H}$ 为帽子矩阵。为便于比较，下

面给出一般的单位权方差估计公式,即

$$\hat{\sigma}_0^2=\frac{\boldsymbol{V}^{\mathrm{T}}\boldsymbol{P}\boldsymbol{V}}{n-\mathrm{tr}(\boldsymbol{H})} \tag{6.28}$$

式中,tr($\boldsymbol{H}$)可理解为受约束的观测值个数,相当于经典间接平差的必要观测数,整个分母可理解为补偿最小二乘解的自由度。

根据二次型的数学期望公式,得

$$\begin{aligned}E(\boldsymbol{V}^{\mathrm{T}}\boldsymbol{P}\boldsymbol{V})&=\mathrm{tr}(\boldsymbol{P}\boldsymbol{D}_{\boldsymbol{V}})+\mathrm{tr}(\boldsymbol{P}E^{\mathrm{T}}(\boldsymbol{V})E(\boldsymbol{V}))\\&=\hat{\sigma}_0^2\ \mathrm{tr}\ (\boldsymbol{P}\boldsymbol{Q}_{\boldsymbol{V}})+\mathrm{tr}\ (E^{\mathrm{T}}(\boldsymbol{V})\boldsymbol{P}E(\boldsymbol{V}))\\&=\hat{\sigma}_0^2\ \mathrm{tr}\ (\boldsymbol{P}\boldsymbol{Q}_{\boldsymbol{V}})+E^{\mathrm{T}}(\boldsymbol{V})\boldsymbol{P}E(\boldsymbol{V})\end{aligned} \tag{6.29}$$

又顾及式(6.2)和式(6.27),整理得

$$\boldsymbol{V}=(\boldsymbol{H}-\boldsymbol{I})\boldsymbol{L} \tag{6.30}$$

令 $\boldsymbol{G}=\boldsymbol{H}-\boldsymbol{I}$,则由式(6.30)根据协因数传播律得 $\boldsymbol{Q}_{\boldsymbol{V}}=\boldsymbol{G}\boldsymbol{P}^{-1}\boldsymbol{G}^{\mathrm{T}}$,将其代入式(6.29),并顾及矩阵二次型迹的性质,得

$$\begin{aligned}E(\boldsymbol{V}^{\mathrm{T}}\boldsymbol{P}\boldsymbol{V})&=\sigma_0^2\ \mathrm{tr}(\boldsymbol{P}\boldsymbol{G}\boldsymbol{P}^{-1}\boldsymbol{G}^{\mathrm{T}})+E^{\mathrm{T}}(\boldsymbol{V})\boldsymbol{P}E(\boldsymbol{V})\\&=\sigma_0^2\ \mathrm{tr}(\boldsymbol{G}\boldsymbol{G}^{\mathrm{T}})+E^{\mathrm{T}}(\boldsymbol{V})\boldsymbol{P}E(\boldsymbol{V})\end{aligned} \tag{6.31}$$

即

$$\sigma_0^2=\frac{E(\boldsymbol{V}^{\mathrm{T}}\boldsymbol{P}\boldsymbol{V})-E^{\mathrm{T}}(\boldsymbol{V})\boldsymbol{P}E(\boldsymbol{V})}{\mathrm{tr}(\boldsymbol{G}\boldsymbol{G}^{\mathrm{T}})} \tag{6.32}$$

顾及式(6.26)、式(6.30),对式(6.32)两边取数学期望,得单位权方差的无偏估计公式为

$$\sigma_0^2=\frac{\boldsymbol{V}^{\mathrm{T}}\boldsymbol{P}\boldsymbol{V}-\tilde{\boldsymbol{S}}^{\mathrm{T}}\boldsymbol{K}^{\mathrm{T}}\boldsymbol{K}\tilde{\boldsymbol{S}}}{(n-\mathrm{tr}(\boldsymbol{H}))^{\mathrm{T}}(n-\mathrm{tr}(\boldsymbol{H}))} \tag{6.33}$$

对式(6.33)两边取数学期望并与式(6.28)比较,可知式(6.28)给出的单位权方差估计公式是有偏的,且明显偏大。其原因是式(6.28)未充分考虑引入非参数变量后对残差的影响,致使求得的单位权方差比其无偏估值大。

§6.4　正则矩阵与正则参数的确定

6.4.1　正则矩阵 R 的构造方法

解算半参数模型的关键是构造合适的正则矩阵 $\boldsymbol{R}$,并确定合适的正则参数 α。正则化矩阵 $\boldsymbol{R}$ 的选取一般是采用自然样条函数法。该法是用自然样条函数表示随时间连续变化的信号,强调信号随时间变化曲线的光滑性。当用样条函数表达信号后,可结合半参数模型中已被参数化的线性部分构成完整的半参数模型。正则矩阵 $\boldsymbol{R}$ 为

$$\boldsymbol{R} = \boldsymbol{Q}\boldsymbol{K}^{-1}\boldsymbol{Q}^{\mathrm{T}} \tag{6.34}$$

式中，$\boldsymbol{Q}=(q_{ij})$、$\boldsymbol{K}=(k_{ij})$，分别是 $n\times(n-2)$ 阶矩阵和 $(n-2)\times(n-2)$ 阶矩阵，它们是由观测时刻 t_i 之间的间隔决定的。设 $h_{ij}=t_{i+1}-t_i$，$t=1$、2、…、$n-1$（崔希璋 等，2009；丁士俊 等，2004），则

$$h_{ij}=\begin{cases} h_j^{-1}, & i=j \\ -(h_j^{-1}+h_{j+1}^{-1}), & i=j+1 \\ h_{j+1}^{-1}, & i=j+2 \\ 0, & \text{其他} \end{cases} \tag{6.35}$$

式中，$j=1$、2、…、$n-2$，$i=1$、2、…、n。

$$k_{ij}=\begin{cases} \dfrac{1}{3}(h_{i-1}+h_i), & i=j, j=2、\cdots、n-1 \\ \dfrac{1}{6}h_{i+1}, & i=j-1, j=2、\cdots、n-2 \\ \dfrac{1}{6}h_i, & i=j+1, j=2、\cdots、n-3 \\ 0, & \text{其他} \end{cases} \tag{6.36}$$

故正则矩阵 $\boldsymbol{R}=\boldsymbol{Q}\boldsymbol{K}^{-1}\boldsymbol{Q}^{\mathrm{T}}$ 是一个带宽为 5 的带状矩阵。

实际应用时，正则矩阵 $\boldsymbol{R}$ 也可以采用所谓时间序列法给出。在半参数模型中，如果观测值是在时刻 t_1、t_2、…、t_n 得到的一组时间序列，则

$$\boldsymbol{R}=\boldsymbol{Z}^{\mathrm{T}}\boldsymbol{Z}=\begin{bmatrix} 1 & -1 & & & & \\ -1 & 2 & -1 & & & \\ & -1 & 2 & -1 & & \\ & & \ddots & \ddots & \ddots & \\ & & & -1 & 2 & -1 \\ & & & & -1 & 1 \end{bmatrix} \tag{6.37}$$

式中

$$\boldsymbol{Z}=\begin{bmatrix} -1 & 1 & & & & \\ & -1 & 1 & & & \\ & & -1 & 1 & & \\ & & & \ddots & \ddots & \\ & & & & -1 & 1 \end{bmatrix} \tag{6.38}$$

长期以来，时间序列法选择正则矩阵，在实践中得到了大量应用。但是，时间序列法从理论上不像样条函数法那么严密，一般文献都只有定性描述，没有严格证明。王振杰(2006)根据动态信号的一阶差分方程给出了一个近似证明。根据他的证明，如果信号是随机的且随时间而变化，则信号可用状态方程来表示。当用一阶

差分方程描述信号时，若一阶差分系数（相当于状态改变因子）接近 1，即信号是线性变化，则正则矩阵相当于遵循这样变化规律的信号的权矩阵。

6.4.2 正则参数 α 的确定方法

正则参数 α 在半参数模型中，所起的作用是平衡模型中被参数化的部分与非参数部分对观测值的贡献。根据式(6.8)，若 $\alpha=1$，则模型退化为经典最小二乘参数模型；若 $\alpha=0$，则模型变为非参数模型，此时，需要借助泛函分析来研究参数与观测值的映射关系，其理论将变得非常复杂。当 $0<\alpha<1$ 时，随着取值的不同，反映了参数部分与非参数部分对观测值的不同贡献程度。从数学的角度来看，就是利用半参数模型解决相关问题时，要求同时顾及参数解对观测值的拟合程度和非参数部分的光滑程度。一旦正则矩阵选定，正则参数就成为决定整个模型解的关键问题。

目前为止，有关正则参数的确定方法已有许多，如广义交叉核实函数法、岭迹法、遗传算法等。本节采用另外一种方法，叫作 L 曲线法。L 曲线法将估计残差和非参数估计值的加权平方（非参数部分正则矩阵相当于权矩阵）分别作为二维坐标来绘制一条曲线，这条曲线形状酷似“L”，L 曲线因此得名。事实上，由于平滑参数 α 是离散取值的，所以 L 曲线只能利用一系列离散点拟合出来。拟合出 L 曲线后，曲线上曲率最大或离原点最近的点所对应的正则参数即为最终参数求解所需要的正则参数。利用对应的正则参数，即可按半参数模型的估计公式求出最终参数估计值。L 曲线法的数学依据迄今为止并未得到证明，但这丝毫没有影响其实际应用。

§6.5 地壳弹塑性形变的半参数模型

地壳形变分析的整体旋转与均匀应变模型较好地发展了地壳运动的刚体旋转模型，但是，理论上整体旋转与均匀应变模型仍然是不完善的。因为造成地壳局部形变的因素极其复杂，处于不同地质构造区域的整体地壳运动模式及局部构造形变都极不规则，所以对地壳形变做均匀应变假设显然是不合理的。因此，可以设法对非均匀形变部分进行补偿，借以修正因均匀应变假设引起的形变部分。严格来说，要对非均匀应变部分进行补偿是非常困难的，这需要对引起地壳形变的地球内部动力学机制有很好的认识。半参数模型的非参数部分正好可以解决这一问题。

目前，利用半参数模型进行地壳形变建模和分析的文献还不多见，因此，可供借鉴的资料也较少。本章从地壳形变的物理实际出发，在块体运动的整体旋转与均匀应变模型的基础上，提出地壳形变分析的半参数模型。该模型对地壳整体旋转均匀应变模型中的均匀假设进行了修正，可以说是对整体旋转与均匀应变模型的精化和对参数的进一步优化。

根据以上分析,由半参数模型一般表达式(6.1),建立地壳形变分析的半参数模型。实际上,就是在式(6.2)的基础上,再增加东向及北向速率观测值构成的补偿项。若用 S_e 和 S_n 表示速率观测值的东向和北向补偿项,则 S_e 和 S_n 实际上就是模型(6.1)中的非参数部分。据此可以写出地壳运动的半参数模型为

$$\begin{bmatrix} V_e \\ V_n \end{bmatrix} = \begin{bmatrix} -r\cos\lambda\sin\varphi & -r\sin\lambda\sin\varphi & r\cos\varphi \\ r\sin\lambda & -r\cos\lambda & 0 \end{bmatrix} \begin{bmatrix} \omega_x \\ \omega_y \\ \omega_z \end{bmatrix} + \begin{bmatrix} \varepsilon_{ee} & \varepsilon_{en} \\ \varepsilon_{en} & \varepsilon_{nn} \end{bmatrix} \begin{bmatrix} r(\lambda-\lambda_0)\cos\varphi \\ r(\varphi-\varphi_0) \end{bmatrix} + \begin{bmatrix} S_e \\ S_n \end{bmatrix} + \begin{bmatrix} \Delta_e \\ \Delta_n \end{bmatrix} \tag{6.39}$$

式中,ω_x、ω_y、ω_z 依次表示块体旋转在球心直角坐标系三个坐标轴上的欧拉旋转角速度分量,ε_{ee}表示块体沿东西向(纬向)的均匀应变张量分量,ε_{en}表示东西向的均匀剪切应变张量分量,ε_{nn}表示南北向(经向)均匀应变张量分量。

根据式(6.39)确定的半参数模型,利用本章推导的赋相对权比的补偿最小二乘解方法(式(6.15)及式(6.19))求得式(6.39)的参数及非参数估值,且可根据式(6.21)、式(6.24)和式(6.33)进行参数的精度评定。需要指出的是,当利用式(6.38)确定正则矩阵时,其秩亏数为 $d=1$,此时,式(6.9)中约束矩阵为

$$\underset{1\times n}{\boldsymbol{G}} = [1 \quad 1 \quad 1 \quad \cdots \quad 1]$$

在解算时按实际代入即可。

第7章　环渤海区域地壳弹塑性形变反演模型及应用

渤海是位于我国华北区域的内陆海盆，形成于晚第四纪(李延兴 等，2007)。以渤海为中心，向其周边辐射，即构成了我国的经济、文化中心区之一，一般称为环渤海区域。环渤海区域泛指渤海及其周边省份及直辖市，包括山东、河北、山西东部、内蒙古中东部和辽宁西南部，以及北京和天津两市(纪建悦 等，2012)。环渤海区域人口密度大，大中城市密布，石油及矿藏储量大(邓运华，2002)，是我国北方工农业和高新技术高度发展地区。同时，本地区自新生代以来，地壳构造活动一直保持活跃状态，区域内活动断裂相当发育(邓起东 等，2001)，导致这一地区成为我国地震多发、频发地带，仅20世纪60年代以来，就发生过3次7级以上大地震(渤海、海城、唐山地震)。因此，本地区的新构造活动及现代地壳运动引起了许多石油地质、地震地质和地球物理工作者的共同关注。但由于缺乏资料，对该地区的研究程度远不及华北其他地区。

进入21世纪以来，通过“中国地壳运动观测网络”和“中国大陆构造环境监测网络”，获得了一大批重要的观测成果，这些成果为我国开展大陆地壳水平运动及形变提供了重要研究资料。通过这些资料，一方面，可以直接获取地表水平位移场，从而对块体边界力的作用机制提供可靠的外部约束，特别是与地质资料相结合，可以明显改善目前一些研究成果在物理解释上的困难；另一方面，利用现代空间大地测量技术研究地壳构造活动的时间较短，其本身在建模理论和数据处理方法上还存在诸多需要完善的方面。近20年来，国内利用GNSS对地监测资料研究地壳运动取得了一批重要成果，主要是获得了中国大陆整体及各亚板块的刚性运动参数，利用这些参数对区域地壳整体运动和块体间相对运动做了研究和初步解释。由于以上研究大部分是采用了基于球面旋转欧拉定理的刚性运动模型进行地壳运动研究的，所以一般只能对块体边界一定范围的构造运动及形变做出预测和解释，对于板内形变特征则难以顾及。刚体运动模型的这种局限性导致了其对地壳的形变分析结果与实际观测结果差异较大，并且随着研究尺度的缩小，这种差异呈加大趋势。环渤海区域内部各种构造活动十分活跃，利用大地测量技术研究本区域地质构造活动的力学成因，必须顾及板内特殊构造引起的不规则形变。

目前，一般认为环渤海区域构造运动的驱动力主要来自于两方面因素：一方面是来自印度板块对中国大陆向北东方向推挤作用在青藏高原东北缘向东延续和菲律宾海板块及太平洋板块从北西方向向我国大陆的俯冲的联合作用造成的；另一方面是本区域地幔对流的拖曳作用使地壳发生垂直错动和水平剪切引起各种不同形式的构造运动，并演化造就了本区域内主要断裂及现今地貌形态。尽管这两种解释在学界都已基本得到认可，但仍需要指出的是：在以上两种解释研究工作中，大多只是进行了间接推断或定性分析，并且一般只针对整个区域给出了整体性结论。事实上，现代观测结果表明：块体内部构造运动是非常复杂的，受多种因素支配，为了对研究区域复杂的构造运动及其动力学成因有一个清晰、全面的认识和了解，仅从整体上进行研究是不够的，利用块体内部构造形变反演引起这些形变的力学成因并进行动力学解释是非常必要的。

本章利用最近几期中国“陆态网”观测数据，建立了本区域地壳整体旋转与均匀应变模型、整体旋转与线性应变模型、半参数模型和最小二乘配置等多种地壳弹塑性形变反演分析模型，利用这些模型研究环渤海区域地壳形变，获取了其内部各块体形变特征及分布情况。尽管分析结果有一定差异，但就理论发展和探索而言，本章内容无论是对本地区晚期油气成藏探讨还是对区域内地震活动特征、防震减灾、保障区域经济安全快速稳步发展等的研究，都具有实际意义和参考价值。

§7.1 利用GPS资料建立环渤海区域地壳弹塑性形变反演模型

7.1.1 使用数据概况

本章使用的数据为“中国大陆构造环境监测网络”在环渤海地区的观测资料，观测台站的分布空间范围是30.96°N～42.54°N、111.48°E～128.11°E，研究范围内共有482个监测台站数据。其中，包括32个卫星导航定位基准站(continuously operating reference stations，CORS)和450个区域站，区域站中包括“陆态网”一期(CMONOC-Ⅰ)和“陆态网”二期(CMONOC-Ⅱ)，监测台站分别为200个和250个。其中，基准站资料为2010年至2014年CORS监测资料，区域站资料是2009年、2011年、2014年三期观测资料，每期每站连续观测3天，采样间隔为30 s。GPS测监台站的站速率均在各观测台站的时间序列通过st_filter(Spatio. Temporal Filtering，QOCA的升级版)软件处理的结果文件中提取，并获得本区域统一的速度场数据，其精度优于2 mm/a，所用参考框架为ITRF2008。

7.1.2 块体划分、数据筛选

1. 块体划分

为全面了解研究区域地壳构造运动及内部形变状态、获取相应形变分析参数，对研究区域块体进行进一步细分是必要的。按照许才军等(2002)、顾国华等(2002)、张跃刚等(2005)研究华北地壳运动时对环渤海区域及其邻区的块体划分方法，将环渤海区域划分为五个次级块体，并基本保留原文献对次级块体的名称，即将研究区域划分为胶辽、冀鲁、太行、山西、阴山—燕山五个次级块体。由于环渤海区域为华北块体的一部分，本区域的五个次级块体仅包含华北块体与本区域的重叠部分，具体划分情况如图 7.1 所示。整个环渤海区域 GPS 监测台站分布均匀，且数目充足，利用这些监测点速率获取的速度场可以代表环渤海区域的地壳运动情况。

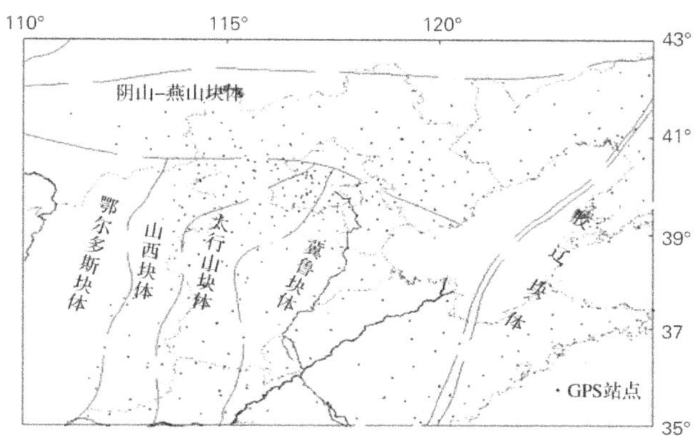

图 7.1　环渤海区域块体划分及点位分布

2. 数据筛选

鉴于环渤海地区地壳运动具有一定的长期稳定性，其运动在整体上应以刚性运动为主，即研究区域内各监测台站应具有大体一致的运动趋势。为此，在数据处理过程中，首先利用最小二乘法估计板块刚体运动模型（式(2.3)）中欧拉运动参数，计算各监测台站运动速率，剔除站速度分量标准差大于 1.5 倍中误差的台站；然后利用剔除后剩余台站继续按刚体运动模型进行最小二乘估计，并剔除大于 1.5 倍中误差的监测台站；如此重复，最后共剔除 24 个台站，剩余的 458 个监测台站分布如图 7.1 所示。为研究五个次级块体地壳构造形变特征，采用与以上相同的方法对各次级块体范围监测台站进行了筛选，并在各块体筛选后台站中选取一定数目的、均匀分布在各次级块体的 GNSS 监测台站用于相应块体地壳形变反演分析，具体选取结果为：胶辽块体 38 个、冀鲁块体 35 个、太行块体 20 个、山西块体 22 个、阴山—燕山块体 29 个。

7.1.3　环渤海区域的几种地壳弹塑性形变反演模型及结果

对块体运动及形变进行分析，实质上是建立关于地壳运动、形变的反演分析模型，求取模型参数后，利用模型对研究区域地壳运动及形变进行预报，其核心是模型的建立。不同建模分析方法对同一块体的分析结果可能不尽相同，但只要模型能较好地拟合观测数据且模型的建模机制能得到合理解释，则多样化的模型形式对地壳形变分析和研究是有利的。本章采用 GPS 数据建立环渤海区域的几种地壳弹塑性形变反演分析模型，包括整体旋转与均匀应变模型、整体旋转与线性应变模型、最小二乘配置模型和半参数模型。

1. 地壳形变的整体旋转与均匀应变和整体旋转与线性应变模型

利用环渤海区域"陆态网"筛选出的监测台站及数据，按照式(4.12)、式(4.16)采用最小二乘估计方法计算环渤海区域整体及各次级块体相对于ITRF2008和欧亚板块两种参考框架下的模型参数，计算结果分别如表7.1、表7.2所示。按整体旋转与线性应变模型参数绘制了环渤海区域各次级块体内部的整体应变状态图像，如图7.2所示。为便于比较两种模型结果及两种模型对刚体运动模型的改善情况，利用表7.3给出了整体旋转与均匀应变、整体旋转与线性应变和刚体运动模型的整体运动参数，以及模型对观测速率的整体拟合残差及标准差。

表7.1 整体旋转与均匀应变模型计算的各块体的运动参数和应变参数

块体名称	参考框架	欧拉矢量/(10^{-9}/a)			应变参数/(10^{-9}/a)				主压应变方向/(°)
		ω_x	ω_y	ω_z	$\bar{\omega}_1$	$\bar{\omega}_2$	γ_{max}	Δ	A
渤海区域	T	−1.58	−1.68	4.71	−1.10	1.23	−2.34	0.13	−118.41
	E	−0.59	0.72	1.56	−1.10	1.23	−2.34	0.13	−118.41
胶辽块体	T	−2.89	1.75	6.46	−12.24	0.40	−12.64	−11.83	149.49
	E	−1.91	4.15	3.31	−12.24	0.40	−12.64	−11.83	149.49
冀鲁块体	T	0.78	−4.30	0.93	−7.12	1.19	−5.93	−8.30	−142.24
	E	1.76	−1.90	−2.22	−7.12	1.19	−5.93	−8.30	−142.24
太行块体	T	1.26	−5.33	0.04	−4.10	4.73	−8.83	0.63	−161.36
	E	2.24	−2.94	−3.12	−4.10	4.73	−8.83	0.63	−161.36
山西块体	T	0.54	−4.26	1.02	−2.94	2.29	−5.23	−0.65	−126.31
	E	1.52	−1.86	−2.14	−2.94	2.29	−5.23	−0.65	−126.31
阴山—燕山块体	T	0.76	−4.81	0.43	−8.41	1.36	−9.77	−7.05	147.89
	E	1.74	−2.42	−2.72	−8.41	1.36	−9.77	−7.05	147.89

注：T表示以ITRF2008为参考框架的运动参数和应变参数，E表示相对于欧亚板块的运动参数和应变参数，$\bar{\omega}_1$和$\bar{\omega}_2$表示主应变，γ_{max}表示最大剪应变，Δ表示面应变，A表示最大主压应变轴方位角，"−"表示按逆时针旋转定义方位角。

表 7.2　整体旋转与线性应变模型计算的各块体的运动参数和应变参数

块体名称	参考框架	欧拉矢量/(10^{-9}/a)			应变参数Ⅰ/(10^{-9}/a)			应变参数Ⅱ/(10^{-15}/a)					
		ω_x	ω_y	ω_z	A_0	B_0	C_0	A_1	B_1	C_1	A_2	B_2	C_2
渤海区域	T	−1.61	−1.63	4.77	−0.61	−0.84	1.12	−1.00	−3.23	−0.99	4.33	0.30	3.11
	E	−0.63	0.77	1.61	−0.61	−0.84	1.12	−1.00	−3.23	−0.99	4.33	0.30	3.11
胶辽块体	T	−2.31	0.74	5.48	−1.69	2.68	−6.64	58.52	108.3	−118.1	−189.3	78.45	2.99
	E	−1.32	3.14	2.33	−1.69	2.68	−6.64	58.52	108.3	−118.1	−189.3	78.45	2.99
冀鲁块体	T	0.81	−4.62	0.73	−2.87	−3.19	−4.71	−68.44	0.77	−4.67	−19.13	12.64	54.35
	E	1.79	−2.22	−2.43	−2.87	−3.19	−4.71	−68.44	0.77	−4.67	−19.13	12.64	54.35
太行块体	T	1.05	−5.01	0.41	4.02	−2.71	−3.21	−52.34	90.65	−1.99	−161.5	−11.4	20.69
	E	2.03	−2.62	−2.74	4.02	−2.71	−3.21	−52.34	90.65	−1.99	−161.5	−11.4	20.69
山西块体	T	−0.07	−2.91	2.16	3.46	−1.66	0.43	−146.5	36.6	67.53	63.06	−27.57	−17.57
	E	0.91	−0.51	−0.99	3.46	−1.66	0.43	−146.5	36.6	67.53	63.06	−27.57	−17.57
阴山—燕山块体	T	−0.06	−3.27	2.02	−1.64	3.18	−8.92	−8.09	16.36	108.9	−5.90	−117.1	−81.49
	E	0.92	−0.88	−1.13	−1.64	3.18	−8.92	−8.09	16.36	108.9	−5.90	−117.1	−81.49

注：T 表示以 ITRF2008 为参考框架的运动参数和应变参数，E 表示相对于欧亚板块的运动参数和应变参数，A_i、B_i 和 C_i 表示整体旋转与线性应变参数。其中，应变参数Ⅰ相当于均匀应变部分，应变参数Ⅱ相当于线性应变部分。

表 7.3　各模型运动参数及速率残差和残差标准差

块体名称	模型	欧拉运动参数			残差均值/(mm/a)	残差标准差/(mm/a)
		λ/(°)	φ/(°)	ω/((°)/Ma)	$\Delta\bar{y}$	$S_{\Delta v}$
渤海区域	刚性运动模型	127.5	56.7	0.12	0.001 40	1.7
	整体旋转与均匀应变模型	129.8	59.2	0.10	0.000 26	1.5
	整体旋转与线性应变模型	129.1	58.4	0.11	0.000 01	1.4
胶辽块体	刚性运动模型	96.7	26.3	0.08	−0.001 01	2.2
	整体旋转与均匀应变模型	114.7	35.9	0.32	−0.000 36	2.0
	整体旋转与线性应变模型	112.9	34.4	0.24	−0.000 01	1.9
冀鲁块体	刚性运动模型	−32.9	−41.6	0.11	0.000 18	1.8
	整体旋转与均匀应变模型	−47.2	−40.5	0.20	−0.000 09	1.5
	整体旋转与线性应变模型	−51.1	−40.3	0.21	−0.000 01	1.4

续表

块体名称	模型	欧拉运动参数			残差均值/(mm/a)	残差标准差/(mm/a)
		$\lambda/(°)$	$\varphi/(°)$	$\omega/((°)/\mathrm{Ma})$	$\Delta\bar{y}$	$S_{\Delta v}$
太行块体	刚性运动模型	−46.7	−41.0	0.19	0.001 49	1.5
	整体旋转与均匀应变模型	−52.7	−40.2	0.28	−0.000 03	1.2
	整体旋转与线性应变模型	−52.3	−39.6	0.25	0.000 00	1.1
山西块体	刚性运动模型	−24.2	−43.3	0.08	0.000 05	1.4
	整体旋转与均匀应变模型	−50.8	−41.7	0.18	0.000 00	1.2
	整体旋转与线性应变模型	−29.5	−43.7	0.08	0.000 00	1.1
阴山—燕山块体	刚性运动模型	17.5	−28.8	0.03	−0.007 78	1.5
	整体旋转与均匀应变模型	−54.3	−42.4	0.23	0.000 03	1.3
	整体旋转与线性应变模型	−43.6	−41.5	0.10	0.000 00	1.2

注：$\Delta\bar{V}=\frac{1}{2n}(\sum_{i=1}^{n}(\Delta V_e)_i+\sum_{i=1}^{n}(\Delta V_n)_i$，$S_{\Delta V}=\left[\frac{1}{2n-R}(\sum_{i=1}^{n}(\Delta V_e)_i^2+\sum_{i=1}^{n}(\Delta V_n)_i^2)\right]^{\frac{1}{2}}$，式中，$\Delta V_e$ 和 ΔV_n 分别表示东西向速率残差和南北向速率残差，R 为模型未知参数的个数。

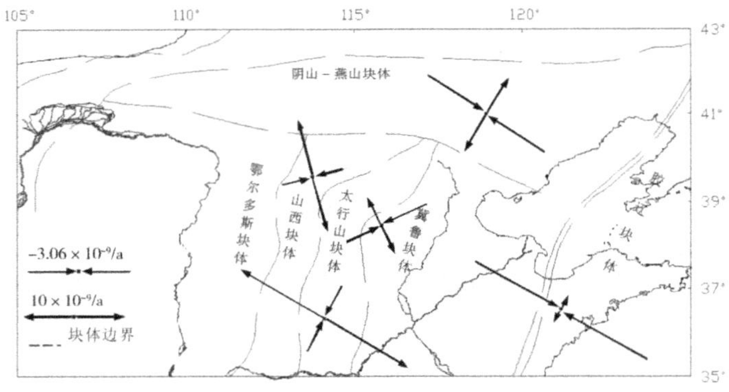

图 7.2　环渤海区域内部各块体整体应变状态

根据以上结果分析发现：

(1)从表 7.1 和表 7.2 来看：无论是整个环渤海区域还是渤海区域内部各构造块体，当分别利用块体的刚性运动模型、整体旋转与均匀应变模型和整体旋转与线性运动模型进行建模分析时，相对于不同参考框架，其整体运动的欧拉矢量参数是截然不同的，这是由板块运动的相对性决定的：采用不同的参考框架，必然会得到不同的运动参数。但是，表中结果显示，对于同一个块体，应变参数估计结果对于不同的参考框架都是相同的，这是因为应变参数仅与受力情况有关，与采用的参考框架无关。表 7.1 和表 7.2 结果正好证明了这一事实，说明板块运动的整体旋转与均匀应变模型和整体旋转与线性应变模型都是正确的。

(2)表 7.3 给出的环渤海区域整体及其内部各块体的三种模型建模结果来看：欧拉旋转矢量估值存在较大差异，这是由三种模型建立地壳运动模型时考虑地壳运动及形变的物理机制不同造成的。刚体运动模型将块体看成是刚体运动，未顾及块体内部形变，与实际是不相符的，从对台站速率的拟合残差及残差标准差来看，刚体运动模型结果最差。整体旋转与均匀应变模型在建模时，认为块体内部存在变形，但认为变形是均匀的，考虑的情况相对简单，其结果优于刚体运动模型。整体旋转与线性应变模型也考虑了块体内部形变，并假定块体对形变的响应是线性变化的。实际中，块体内部的应变是非常复杂的，一般难以精确表达，整体旋转与线性应变模型用线性应变模式描述块体内部应变响应过程，尽管形式简单，但理论上比均匀应变假设好一些，表7.3的拟合残差及残差标准差都证实了这一点。

(3)比较表7.1及表7.2的应变参数可以看出：各块体内部的应变参数对不同块体存在较大差异，这说明各块体之间存在复杂的相互作用，其内部应变过程具有不同的形式，很难精确表达。但根据表中两种弹性运动模型计算的各块体的整体平均应变状态，仍然可以大致了解环渤海区域各块体的形变、应变状态。通过表7.2中的应变参数Ⅰ部分和表7.1中相应的应变参数来看，两种模型存在一定的差异，这种差异反映了板内形变应变过程偏离均匀应变的程度。

(4)具体来看，环渤海区域整体上处于微弱扩张状态，其主压应变和主张应变率分别为-1.10×10^{-9}/a和1.23×10^{-9}/a，面应变率为0.13×10^{-9}/a，其主压应变轴方向大约为北东方向61.5°，说明环渤海区域存在北西方向18.5°的扩张运动，这与李延兴等(2003)研究渤海盆地及其邻区地壳形变运动时，得出在该地区存在沿平均方向为北西方向23.5°的双向扩张运动的结论基本上是一致的。

胶辽块体的主压应变为-12.24×10^{-9}/a，而主张应变仅为0.4×10^{-9}/a，整体上处于北西—南东方向的压缩状态。从数值上来看，胶辽块体是环渤海区域压缩最剧烈的地区，这可能与来自菲律宾海板块和太平洋板块沿近北西或北北西方向向我国大陆俯冲碰撞时，遇到来自印度板块向东北推挤我国青藏高原，并将推挤青藏高原的作用力通过青藏高原东北缘传向北方致使我国北方具有向东运动的两股力量相互作用的结果。

太行块体的主压应变和主张应变分别为-4.1×10^{-9}/a和4.73×10^{-9}/a，存在方位角为北东方向118.6°的微弱扩张运动，是环渤海区域唯一处于扩张状态的块体，且同时存在数值大小为8.83×10^{-9}/a的右旋剪切应变。

山西块体的主压应变为-2.94×10^{-9}/a，主张应变为2.29×10^{-9}/a，二者在数量级上比较接近，存在沿北西方向126.3°的微弱压缩运动，这是山西块体被挟持在鄂尔多斯、阴山—燕山块体及太行块体之间复杂边界作用的结果。

阴山—燕山块体整体上处于压缩运动状态，压缩方向为北东147.8°，这可能与其东北部受到菲律宾海板块向中国大陆的西向俯冲作用及中国大陆在印度板块向东北推挤作用，从而向北运动，但又遇到巨大的西伯利亚块体阻挡作用有关。

(5)由式(4.12)给出的整体旋转与均匀应变模型中的应变参数反映的仅是研究块体的整体平均应变状态，而不是一个点的应变状态。一个大的块体，若利用整体旋转与均匀应变模型分析，其应变张量矩阵是对整个区域应变状态的近似表达，而这个大区域内各个块体计算的应变参数与整体应变参数差异可能会很大。可以断言，整个研究区域内各部分应变参数有些较大，有些较小，且应变性质也不同。但这些内部块体应变可以相互抵消，抵消后这个大块体的总平均应变一般来说是比较小的。从表 7.2 和图 7.2 容易看出：尽管胶辽块体和冀鲁块体处于较大的压缩运动状态，但整个环渤海区域却表现出总体的微弱扩张运动，证实了这一点。李延兴等(2001)年利用整体旋转与均匀应变模型研究中国大陆各主要块体运动时，也曾讨论并证明了这一事实。

2. 地壳运动的最小二乘配置模型

有关地壳运动及块体内部形变的最小二乘配置模型及原理在第 5 章已做过详细阐述，这里不再赘述，直接按照式(5.33)至式(5.36)计算各块体高斯指数型协方差函数参数值，并以此确定各监测台站速率之间的方差-协方差矩阵，并根据式(5.17)估计由式(5.25)确定的最小二乘配置模型参数，相关结果列于表 7.4 和表 7.5 中。其中，表 7.4 同时列出了相应块体的整体旋转与均匀应变模型和整体旋转与线性应变模型参数，以及各模型对观测值的拟合残差及残差标准差信息，便于读者了解三种方法的特点和优劣。鉴于表 7.4 不能直观给出各监测台站速率的具体拟合情况，还特别给出了环渤海区域各次级块体的最小二乘配置模型在各台站的速率拟合残差图像，具体如图 7.3 至图 7.8 所示。

表 7.4 各块体运动参数及模型速率残差

块体名称	模型	欧拉运动参数			残差极值/(mm/a)		残差均值/(mm/a)	残差标准差/(mm/a)
		λ /(°)	φ /(°)	ω /((°)/Ma)	Ve_max	Vn_max	$\Delta\bar{V}$	$S_{\Delta V}$
渤海区域	整体旋转与均匀应变模型	129.8	59.2	0.10	5.0	5.4	0.000 26	1.5
	整体旋转与线性应变模型	129.1	58.4	0.11	5.1	5.6	0.000 01	1.4
	最小二乘配置	−37.5	−51.0	0.05	5.2	5.2	−0.000 04	1.5
胶辽块体	整体旋转与均匀应变模型	114.7	35.9	0.32	9.3	5.4	−0.000 36	2.0
	整体旋转与线性应变模型	112.9	34.4	0.24	8.2	5.2	−0.000 01	1.9
	最小二乘配置	55.5	21.5	0.61	4.2	2.3	0.000 38	1.4
冀鲁块体	整体旋转与均匀应变模型	−47.2	−40.5	0.20	3.5	3.8	−0.000 09	1.5
	整体旋转与线性应变模型	−51.1	−40.3	0.21	3.2	3.7	−0.000 01	1.4
	最小二乘配置	−176.6	22.2	0.53	3.8	3.5	−0.007 09	1.5
太行块体	整体旋转与均匀应变模型	−52.7	−40.2	0.28	2.2	3.6	−0.000 03	1.2
	整体旋转与线性应变模型	−52.3	−39.6	0.25	1.9	3.8	0.000 00	1.2
	最小二乘配置	−167.1	14.9	0.57	3.6	2.1	−0.000 53	1.3
山西块体	整体旋转与均匀应变模型	−50.8	−41.7	0.18	2.8	4.0	0.000 00	1.2
	整体旋转与线性应变模型	−29.5	−43.7	0.08	2.1	4.0	0.000 00	1.1
	最小二乘配置	−150.4	2.1	0.40	4.0	2.7	−0.000 16	1.2

续表

块体名称	模型	欧拉运动参数			残差极值/(mm/a)		残差均值/(mm/a)	残差标准差/(mm/a)
		λ/(°)	φ/(°)	ω/((°)/Ma)	Ve_max	Vn_max	$\Delta\bar{V}$	$S_{\Delta V}$
阴山—燕山块体	整体旋转与均匀应变模型	−54.3	−42.4	0.23	2.8	3.2	0.000 03	1.3
	整体旋转与线性应变模型	−43.6	−41.5	0.10	3.2	3.4	0.000 00	1.3
	最小二乘配置	107.2	44.5	0.36	3.2	3.5	−0.000 19	1.4

注：$\Delta\bar{V}=\frac{1}{2n}(\sum_{i=1}^{n}(\Delta V_e)_i+\sum_{i=1}^{n}(\Delta V_n)_i$，$S_{\Delta V}=\left[\frac{1}{2n-R}(\sum_{i=1}^{n}(\Delta V_e)_i^2+\sum_{i=1}^{n}(\Delta V_n)_i^2)\right]^{\frac{1}{2}}$，式中，$\Delta V_e$ 和 ΔV_n 分别表示东西向速率残差和南北向速率残差，R 为模型未知参数的个数。

表 7.5　环渤海区域各块体高斯指数函数 K 值拟合结果

块体名称	渤海区域	胶辽块体	冀鲁块体	太行块体	山西块体	阴山—燕山块体
Ke	0.068 36	0.007 36	0.006 51	0.008 45	0.006 26	0.008 22
Kn	0.016 21	0.010 05	0.008 99	0.009 45	0.007 36	0.014 60

注：Ke 和 Kn 分别表示利用高斯指数函数拟合东西方向和南北方向的协方差函数参数，其意义与式(5.27)相同。

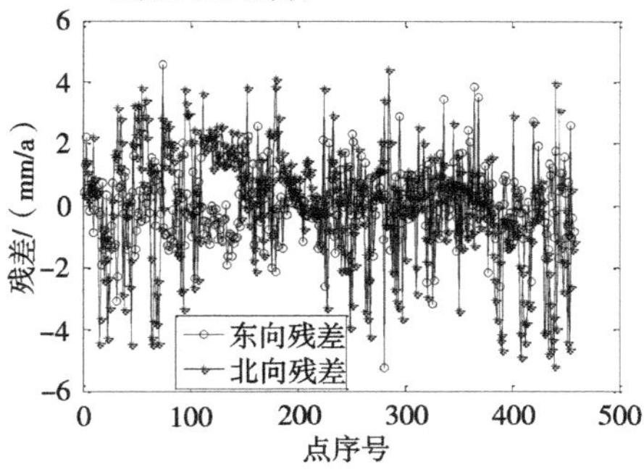

图 7.3　渤海区域速率差值

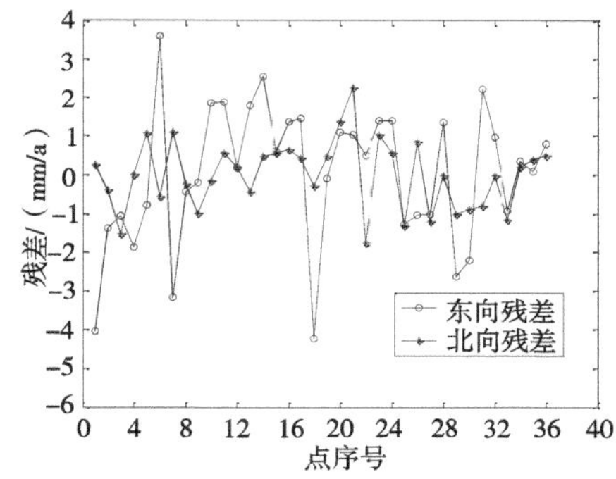

图 7.4　胶辽块体速率差值

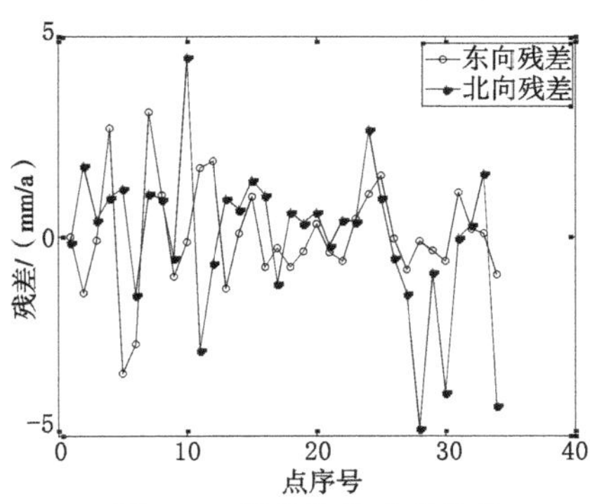

图 7.5　冀鲁块体速率差值

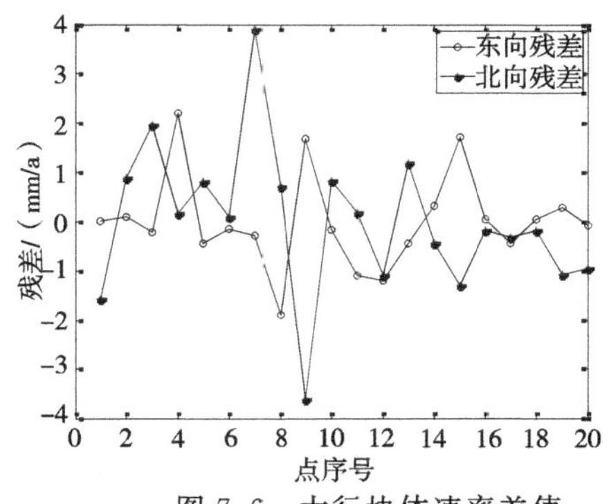

图 7.6　太行块体速率差值

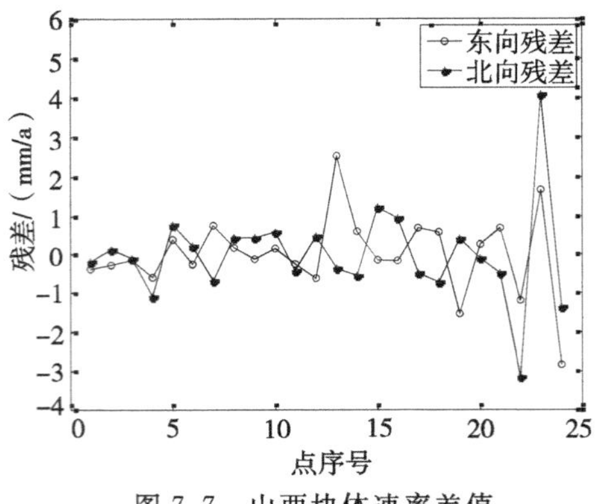

图 7.7 山西块体速率差值

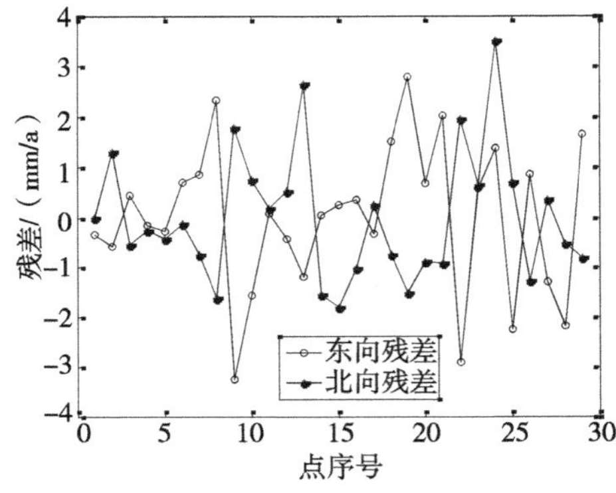

图 7.8 阴山—燕山块体速率差值

根据以上结果分析发现：

(1)从图 7.3 至图 7.8、表 7.4 结果可以看出：利用最小二乘配置法建立的环渤海区域各块体地壳运动模型，其结果与实际运动的差异都较小，其中东西向和南北向水平速率与 GPS 实际监测结果的最大差异均为 5.2 mm/a，最大差异均出现在对环渤海区域的整体分析结果中。而环渤海区域内各次级块体的差异则较小，东西双向水平运动与实际运动差异一致地小于 4 mm/a。这说明利用最小二乘配置法建立地壳形变分析模型是可行、有效的。

(2)由表 7.4 统计的各模型计算结果显示：基于整体旋转与均匀应变模型、整体旋转与线性应变模型及最小二乘配置模型对实际观测速率的总体拟合效果相当，均达到了较好拟合效果，说明三种模型都较好地顾及了板内形变对块体运动的影响，显著地改善了传统的刚性地壳运动模型。

(3)尽管三种模型结果均很好地拟合了地壳实际运动，但三者建模的物理机制是有区别的。整体旋转与均匀应变模型假定研究区域地壳运动符合刚体旋转和板内均匀应变响应规律，整体旋转与线性应变模型假定板内一点运动遵循刚体旋转与线性应变响应规律。事实证明，这两种假设虽然与地壳实际运动仍存在一定差异，但对传统刚体运动不顾及板内形变是一大理论突破，且数学实现相对简单，只需利用最小二乘估计拟合旋转及应变参数即可。

(4)从建模的物理机制上来看，最小二乘配置模型与整体旋转与均匀应变模型和整体旋转与线性应变模型相比，既有相似之处，又有区别：都考虑了板内形变对地壳运动的贡献，但后两种模型分别对板内形变做了均匀应变和线性应变假设，而最小二乘配置模型除了对板内介质做连续假设之外，并未对板内形变做任何假设。从引起地壳运动的动力学原因复杂程度及板内地壳结构的复杂性方面考虑，显然，最小二乘配置模型具有更广泛的适应性。但其数学代价也是相当明显的，需要根据距离建立板内各离散监测台站之间的概率关系。要获取板内形变(信号)，就必须合理构造各测点间的协方差函数，而协方差函数构造与拟合是目前最小二乘配置模型应用中的一大难点，其计算工作量巨大。

(5) 本章利用最小二乘配置法建立各块体的运动模型时，采用高斯指数函数作为经验协方差函数估计了监测站信号间的方差-协方差矩阵，各块体高斯指数函数的参数拟合结果如表 7.5 所示。中国大陆及邻区的许多研究结果都表明，地壳运动在不同区域表现的空间属性和运动特征是不同的。就中国大陆水平运动而言，存在明显的西强东弱，且存在独特的南北构造带。就水平运动分量来看，绝大多数区域都是东西向分量数值明显大于南北向分量数值。鉴于地壳运动的以上空间属性，特别提出应当对研究区域尽可能地进行分区分方向研究。各块体协方差函数参数拟合结果表明：尽管各块体均采用了高斯指数函数作为协方差函数计算模型，但其模型参数拟合结果对应于各块体都是不同的。从方向来看，南北向普遍大于东西向，这表明地壳水平运动的南北分量信号间的随机联系随距离变化要相对快于东西分量，即地壳运动的东西分量随距离增加其相关性衰减较慢。

(6)尽管从整体上比较，最小二乘配置模型与第 3 章的整体旋转与均匀应变模型和整体旋转与线性应变模型结果相当，但就表 7.4 所示研究结果来看，在胶辽块体上，最小二乘配置模型结果明显好于这两种弹性运动模型。整体旋转与均匀应变模型在胶辽块体给出的模型结果与实际运动的最大差异为东西分量为 9.3 mm/a、南北分量为 5.4 mm/a、综合速度残差标准差为 2.0 mm/a，整体旋转与线性应变模型相应指标为 8.2 mm/a、5.2 mm/a、1.9 mm/a，而最小二乘配置模型相应指标为 4.2 mm/a、2.3 mm/a 和 1.4 mm/a，这一结果是非常值得研究的。从图 7.1 看出：胶辽块体监测台站主要分布在辽宁和山东半岛东北部，由于中间大部分区域被渤海阻断而使监测台站无法合理布置，因此，胶辽块体有大片数据空白区域。这种情况下，其地壳分层的垂直结构及内部物质特性与普通大陆具有较大区别，两种弹性模型虽然可以顾及板内形变，但显然弹性性质在胶辽区域与其他完全由陆地组成的地壳是不同的。对地壳形变、应变所做的均匀和线性假设可能不太符合实际。然而，最小二乘配置模型对板内形变、应变的估计，主要是通过空间距离联系实现的，只要板内形变基本符合连续性条件，即可以通过距离建立协方差矩阵推估任何点的运动速率。因此可以认为，地壳介质性质的较大差异对最小二乘配置模型的影响，相对于整体旋转与均匀应变模型和整体旋转与线性应变模型要小得多，这也正是最小二乘配置模型结果在胶辽块体拟合效果相对较好的原因。

(7)从地壳整体运动参数来看，三种模型普遍差异较大，这是由三种模型建模的物理机制不同造成的。地壳的整体水平运动都是以欧拉球面刚体旋转定理为基础的，该定理是针对刚体运动的。但事实上，板内形变对整个地壳运动也是有贡献的，板块任何一点的运动是由多种复杂因素引起的复合运动。当对较大区域整体运动进行研究时，这种效应不明显，但是随着空间尺度的缩小，块体表现出来的、不同于所在区域的、整体运动趋势的特征也越明显，也就是说，其运动模式越来越偏离刚体运动。将一个较大区域分成若干较小块体,可以预见,每个块体的欧拉运动参数与整个区域的欧拉运动参数差异必定会很大,甚至可能会有较大动荡。此时,基于不同建模机制的数学模型,其结果也必定有较大差异。但是,一个模型的优劣,不应过分追求某一指标的一致性,而是应当看其建模的物理机制是否合理。当有比较充分的建模理由时,模型优劣最终应该从模型重建的地壳运动与实际运动的符合程度来评价。当模型预测结果与实际有较好的符合时,后续的对地壳形变分析及相关动力学解释才具有实际意义。就本章结果来看,三种模型结果在某些指标上差异较大,但最终对实际运动的拟合程度都可以接受,它们是现阶段三种比较好的地壳形变反演分析模型。

3. 地壳弹塑性形变的半参数模型

地壳弹塑性形变的半参数模型的原理主要是用非参数模型描述块体内部的不规则形变。本章对块体内部不规则形变又进一步细分为均匀变化和非均匀变化两部分进行处理,相关原理及建模机制已在第 6 章进行了详细阐述。此处直接根据第 6 章相关公式估计模型参数,具体估计过程为:按式(6.37)确定正则矩阵,按式(6.5)给出的赋相对权比的方式,利用 L 曲线搜索法确定模型正则参数,按式(6.6)和式(6.7)估计由式(6.1)确定的半参数模型参数。

(1)为验证本章方法,首先建立了中国大陆主要亚板块的半参数模型。为便于比较本章方法和柴洪洲(2006)的结果,表 7.6 同时列出了两模型的结果,同时绘制了中国大陆各亚板块的半参数模型对实际观测速率的拟合残差图像,如图 7.9 至图 7.14 所示,并详细给出了各亚板块每个监测台站在东西方向和南北方向上的速度分量残差情况,具体如附表 1 至附表 6 所示。

表 7.6 中国大陆各主要块体运动的欧拉向量及测站速率最大差值

块体及测站数	建模方法	欧拉向量/(10^{-9}/a)			欧拉向量精度/(10^{-9}/a)			残差最大值/ mm	
		ω_x	ω_y	ω_z	σ_{ω_x}	σ_{ω_y}	σ_{ω_z}	Ve_max	Vn_max
华北地区(93)	柴洪洲,2006	2.467 1	2.508 6	4.274 1	0.225 3	0.630 8	0.492 2	8.9	5.3
	本书	1.075 7	2.227 2	4.794 4	0.104 2	0.199 8	0.186 0	4.8	3.3
华南地区(35)	柴洪洲,2006	3.654 6	4.996 4	3.739 4	0.991 5	4.565 0	1.972 2	3.1	3.3
	本书	0.730 0	3.634 6	4.422 9	0.142 6	0.317 6	0.180 5	2.2	2.2
祁连山地区(46)	柴洪洲,2006	0.013 7	3.971 0	3.441 0	0.222 7	4.826 5	3.424 5	4.0	4.1
	本书	0.574 0	0.562 8	6.113 4	0.144 1	1.025 4	0.819 2	4.6	3.6

续表

块体及测站数	建模方法	欧拉向量/(10^{-9}/a)			欧拉向量精度/(10^{-9}/a)			残差最大值 mm	
		ω_x	ω_y	ω_z	σ_{ω_x}	σ_{ω_y}	σ_{ω_z}	Ve_max	Vn_max
天山地区(55)	柴洪洲，2006	0.698 3	7.537 2	0.727 6	1.226 0	8.019 9	6.608 0	7.8	8.1
	本书	0.868 2	3.524 7	3.608 8	0.161 8	0.738 7	0.641 2	4.0	4.1
川滇地区(58)	柴洪洲，2006	2.582 4	17.566 6	3.264 8	2.622 9	44.136 3	13.538 6	9.1	7.6
	本书	1.130 7	6.009 0	3.128 8	0.273 2	1.360 5	0.714 3	4.2	4.3
喜马拉雅地区(54)	柴洪洲，2006	4.734 3	10.757 0	0.462 6	4.777 5	52.358 6	20.876 7	6.4	7.0
	本书	2.718 4	4.482 6	4.002 2	0.075 0	0.869 5	0.510 7	4.8	6.4

注：Ve_max 和 Vn_max 分别表示测站速率的东西向残差最大值和南北向残差最大值。

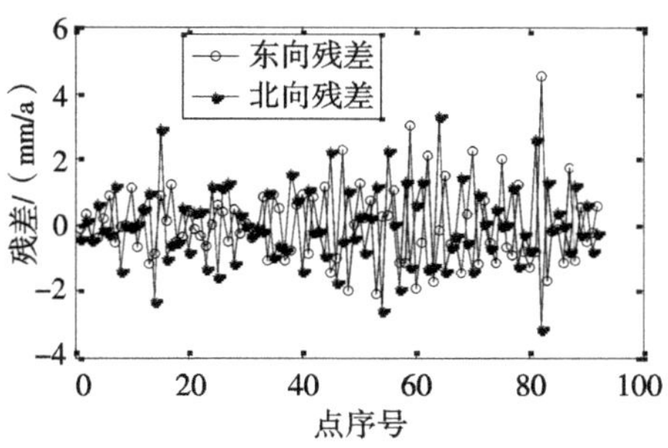

图 7.9　华北地区速率差值

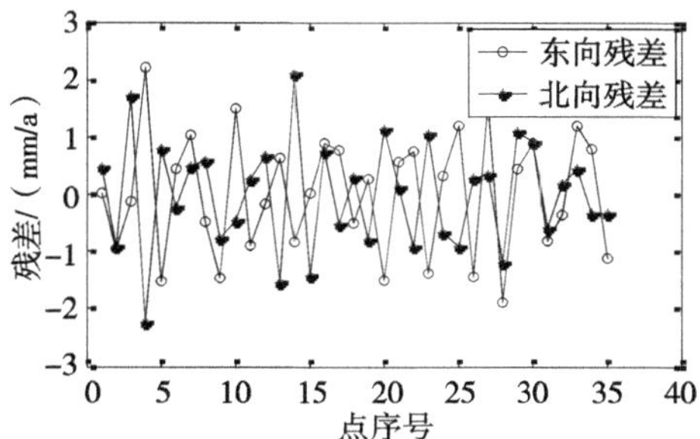

图 7.10　华南地区速率差值

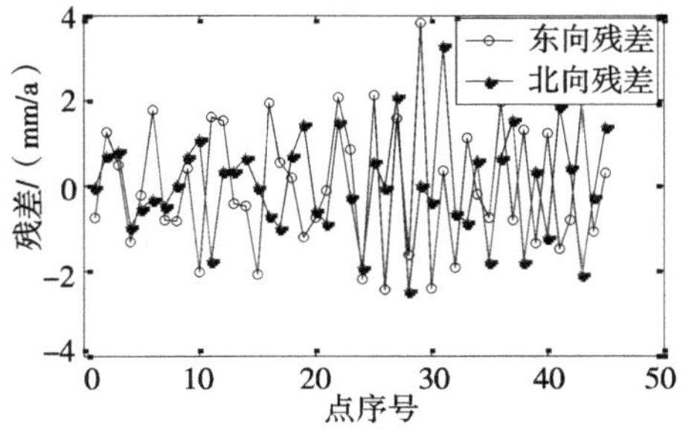

图 7.11　祁连山地区速率差值

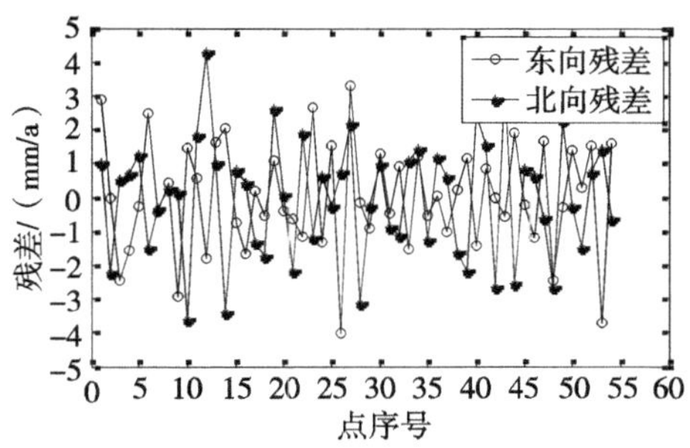

图 7.12　天山地区速率差值

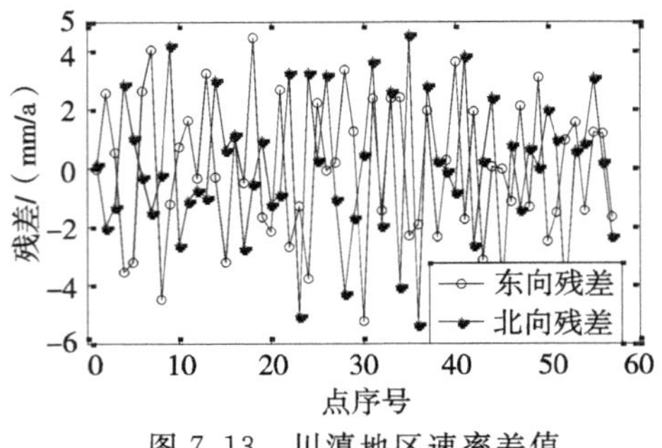

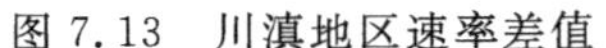
图 7.13 川滇地区速率差值

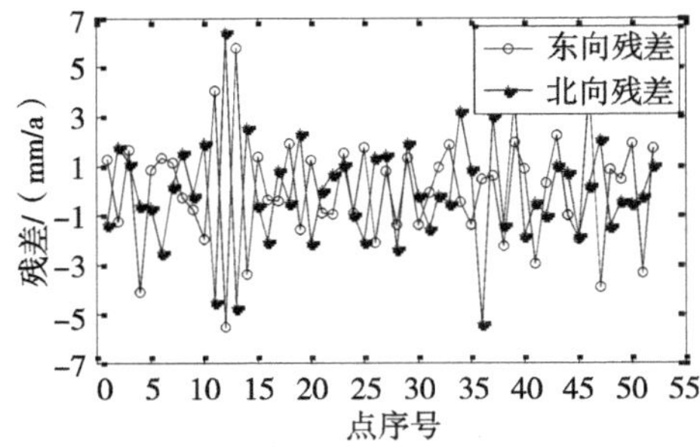

图 7.14 喜马拉雅地区速率差值

附表 1 至附表 6、图 7.9 至图 7.14、表 7.6 给出的测站速率残差结果显示：本章建立的中国大陆各主要块体的地壳运动半参数模型的模型拟合残差一致小于柴洪洲(2006)给出的结果，这说明本章方法用于地壳运动研究不仅是可行的，并且具有较好的方法优势。柴洪洲(2006)给出的是最小二乘配置拟合结果，其思想是在全球板块运动的大背景下，中国大陆各亚板块除了与欧亚板块一起做整体运动外，板内还存在着不同程度的构造形变，这种形变可理解为是对欧亚板块整体运动趋势的偏离，当将其视为信号时，即可利用最小二乘配置模型将这部分形变估计出来，这个观点与本章是一致的。本章采用半参数理论中的“非参数”描述板内形变。从数学上来看，与最小二乘配置模型相比，不强调将板内形变看作对板块整体运动趋势的干扰(视为随机信号)，而是将块体内部形变看作对传统刚体运动模型的修正，也可理解为是地壳刚性运动模型的误差，通过非参数部分对模型误差进行补偿，达到提取板内形变的目的。总之，二者在处理板内形变时，遵循的物理机制是相同的，但数学处理手段不同。除此之外，本章方法另一不同之处在于将板内形变细分为规则应变和不规则应变两部分进行处理，这是与柴洪洲(2006)方法最主要的区别，也是本章结果优于柴洪洲(2006)结果的主要原因。

(2) 环渤海区域各块体的弹塑性形变半参数模型相关计算结果如表 7.7 和表 7.8 所示。为便于和前文几种模型进行比较，表 7.7 列出了最小二乘配置模型和半参数模型结果，表 7.8 列出了整体旋转与均匀应变模型、整体旋转与线性应变模型和半参数模型结果，并同时绘制了三种模型速度分量的拟合残差图像，具体如图 7.15 至图 7.20 所示。

表 7.7 最小二乘配置模型与半参数模型结果比较

块体名称	模型	欧拉运动参数			残差极值/(mm/a)		残差均值/(mm/a)	残差标准差/(mm/a)
		λ/(°)	φ/(°)	ω/((°)/Ma)	Ve_max	Vn_max	$\Delta\bar{V}$	$S_{\Delta V}$
渤海区域	半参数模型	172.6	71.8	0.07	4.0	2.9	0.000 04	0.7
	最小二乘配置模型	−37.5	−51.0	0.05	5.2	5.2	−0.000 04	1.5

续表

块体名称	模型	欧拉运动参数			残差极值/(mm/a)		残差均值/(mm/a)	残差标准差/(mm/a)
		λ/(°)	φ/(°)	ω/((°)/Ma)	Ve_max	Vn_max	$\Delta\bar{V}$	$S_{\Delta V}$
胶辽块体	半参数模型	114.3	33.9	0.58	5.1	2.7	−0.000 01	1.1
	最小二乘配置模型	55.5	21.5	0.61	4.2	2.3	0.000 38	1.4
冀鲁块体	半参数模型	45.5	−24.0	0.07	1.9	2.5	−0.000 04	0.9
	最小二乘配置模型	−176.6	22.2	0.53	3.8	3.5	−0.007 09	1.5
太行块体	半参数模型	−56.1	−39.9	0.42	1.3	2.3	−0.000 02	0.7
	最小二乘配置模型	−167.1	14.9	0.57	3.6	2.1	−0.000 53	1.3
山西块体	半参数模型	−60.2	−37.3	0.24	1.5	2.7	0.000 00	0.7
	最小二乘配置模型	−150.4	2.1	0.40	4.0	2.7	−0.000 16	1.2
阴山—燕山块体	半参数模型	−43.6	−41.5	0.10	1.8	1.9	0.000 00	0.8
	最小二乘配置模型	107.2	44.5	0.36	3.2	3.5	−0.000 19	1.4

注：$\Delta\bar{V}=\frac{1}{2n}(\sum_{i=1}^{n}(\Delta V_e)_i+\sum_{i=1}^{n}(\Delta V_n)_i$，$S_{\Delta V}=\left[\frac{1}{2n-R}(\sum_{i=1}^{n}(\Delta V_e)_i^2+\sum_{i=1}^{n}(\Delta V_n)_i^2)\right]^{\frac{1}{2}}$，式中，$\Delta V_e$ 和 ΔV_n 分别表示东西向速率残差和南北向速率残差，R 为模型未知参数的个数。

表 7.8　各模型运动参数及速率残差和残差标准差

块体名称	模型	欧拉运动参数			残差均值/(mm/a)	残差标准差/(mm/a)
		λ/(°)	φ/(°)	ω/((°)/Ma)	$\Delta\bar{V}$	$S_{\Delta V}$
渤海区域	整体旋转与均匀应变模型	129.8	59.2	0.10	0.000 26	1.5
	整体旋转与线性应变模型	129.1	58.4	0.11	0.000 01	1.4
	半参数模型	172.6	71.8	0.07	0.000 04	0.7
胶辽块体	整体旋转与均匀应变模型	114.7	35.9	0.32	−0.000 36	2.0
	整体旋转与线性应变模型	112.9	34.4	0.24	−0.000 01	1.9
	半参数模型	114.3	33.9	0.58	−0.000 01	1.1
冀鲁块体	整体旋转与均匀应变模型	−47.2	−40.5	0.20	−0.000 09	1.5
	整体旋转与线性应变模型	−51.1	−40.3	0.21	−0.000 01	1.4
	半参数模型	45.5	−24.0	0.07	−0.000 04	0.9

续表

块体名称	模型	欧拉运动参数			残差均值/(mm/a)	残差标准差/(mm/a)
		λ /(°)	φ /(°)	ω /((°)/Ma)	$\Delta\bar{V}$	$S_{\Delta V}$
太行块体	整体旋转与均匀应变模型	−52.7	−40.2	0.28	−0.000 03	1.2
	整体旋转与线性应变模型	−52.3	−39.6	0.25	0.000 00	1.1
	半参数模型	−56.1	−39.9	0.42	−0.000 02	0.7
山西块体	整体旋转与均匀应变模型	−50.8	−41.7	0.18	0.000 00	1.2
	整体旋转与线性应变模型	−29.5	−43.7	0.08	0.000 00	1.1
	半参数模型	−60.2	−37.3	0.24	0.000 00	0.7
阴山—燕山块体	整体旋转与均匀应变模型	−54.3	−42.4	0.23	0.000 03	1.3
	整体旋转与线性应变模型	−43.6	−41.5	0.10	0.000 00	1.2
	半参数模型	−49.4	−44.3	0.19	0.000 00	0.8

注：$\Delta\bar{V}=\frac{1}{2n}(\sum_{i=1}^{n}(\Delta V_e)_i+\sum_{i=1}^{n}(\Delta V_n)_i$，$S_{\Delta V}=\left[\frac{1}{2n-R}(\sum_{i=1}^{n}(\Delta V_e)_i^2+\sum_{i=1}^{n}(\Delta V_n)_i^2)\right]^{\frac{1}{2}}$，式中，$\Delta V_e$ 和 ΔV_n 分别表示东西向速率残差和南北向速率残差，R 为模型未知参数的个数。

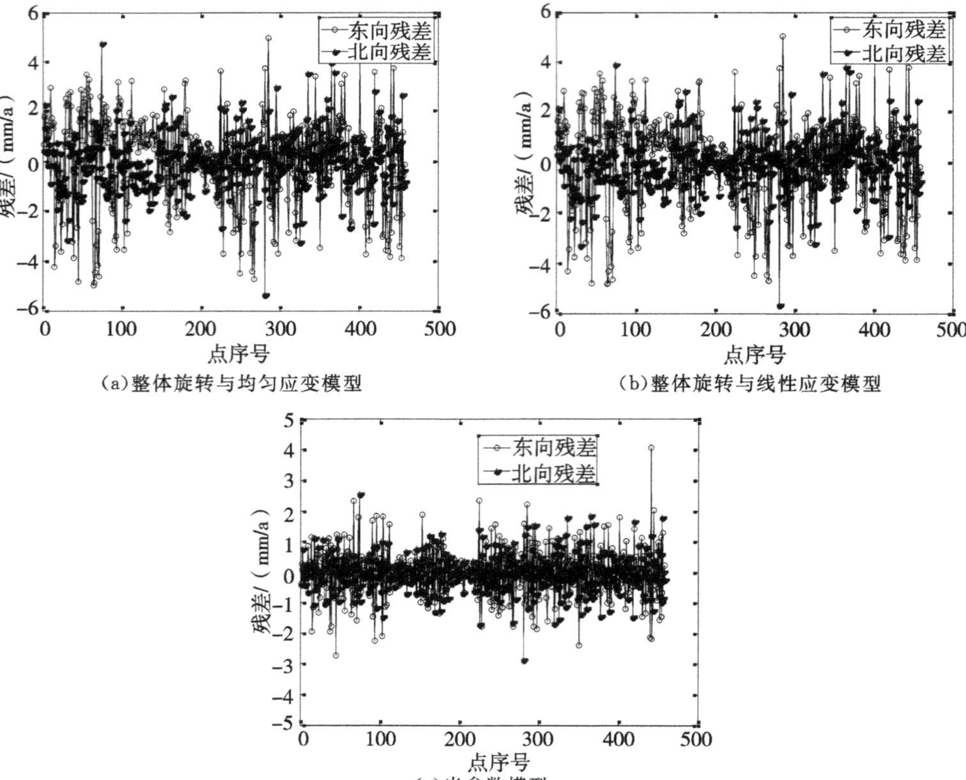

图 7.15　环渤海区域速率残差

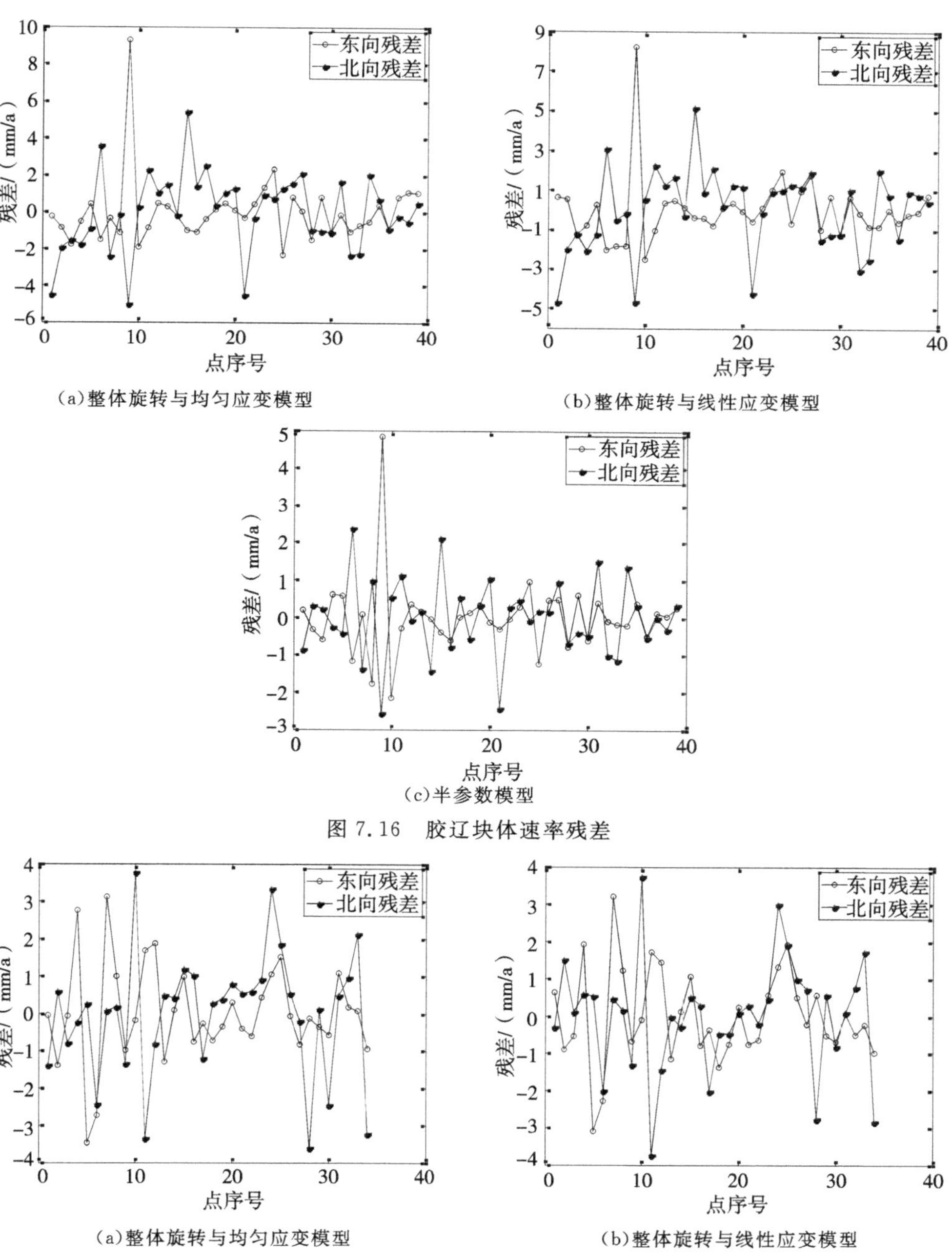

(a)整体旋转与均匀应变模型

(b)整体旋转与线性应变模型

(c)半参数模型

图 7.16　胶辽块体速率残差

(a)整体旋转与均匀应变模型

(b)整体旋转与线性应变模型

图 7.17　冀鲁块体速率残差

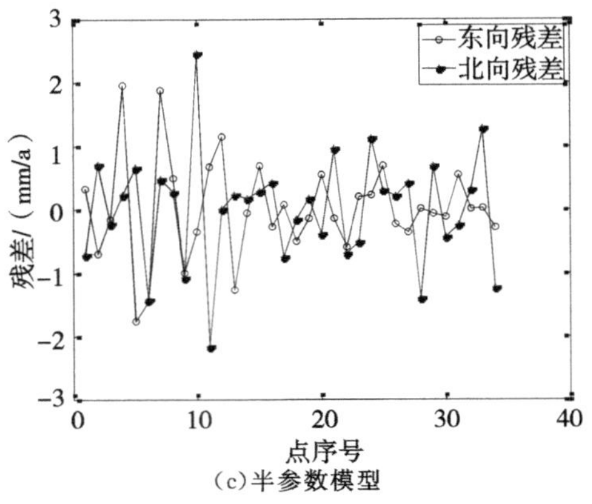

(c)半参数模型

图 7.17(续) 冀鲁块体速率残差

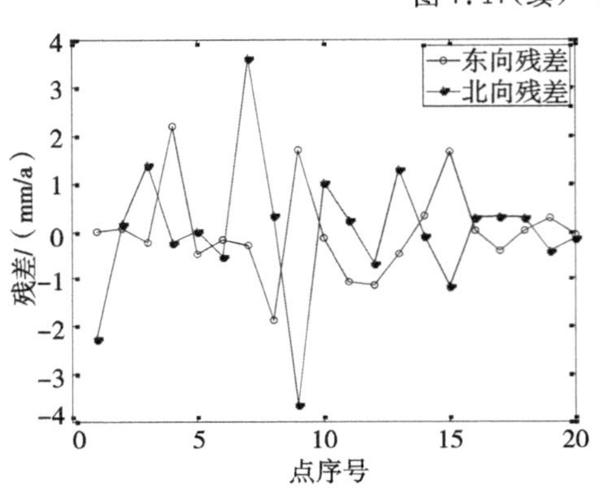

(a)整体旋转与均匀应变模型

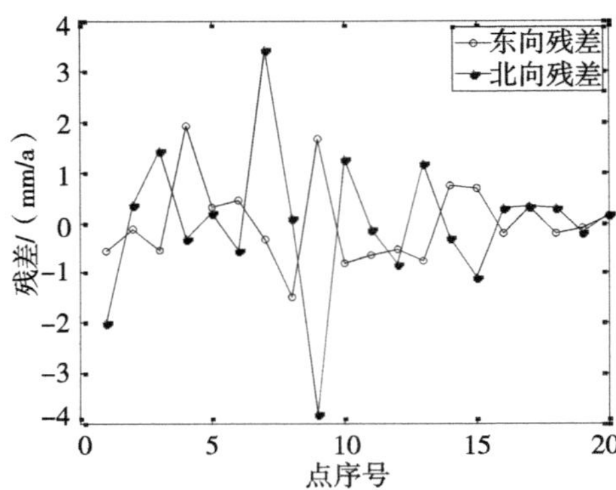

(b)整体旋转与线性应变模型

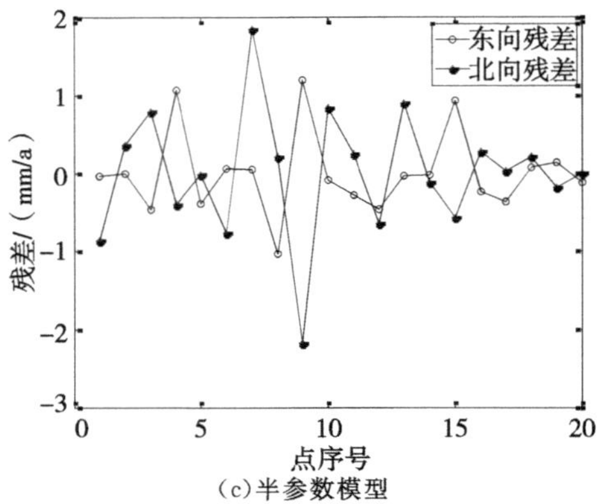

(c)半参数模型

图 7.18 太行块体速率残差

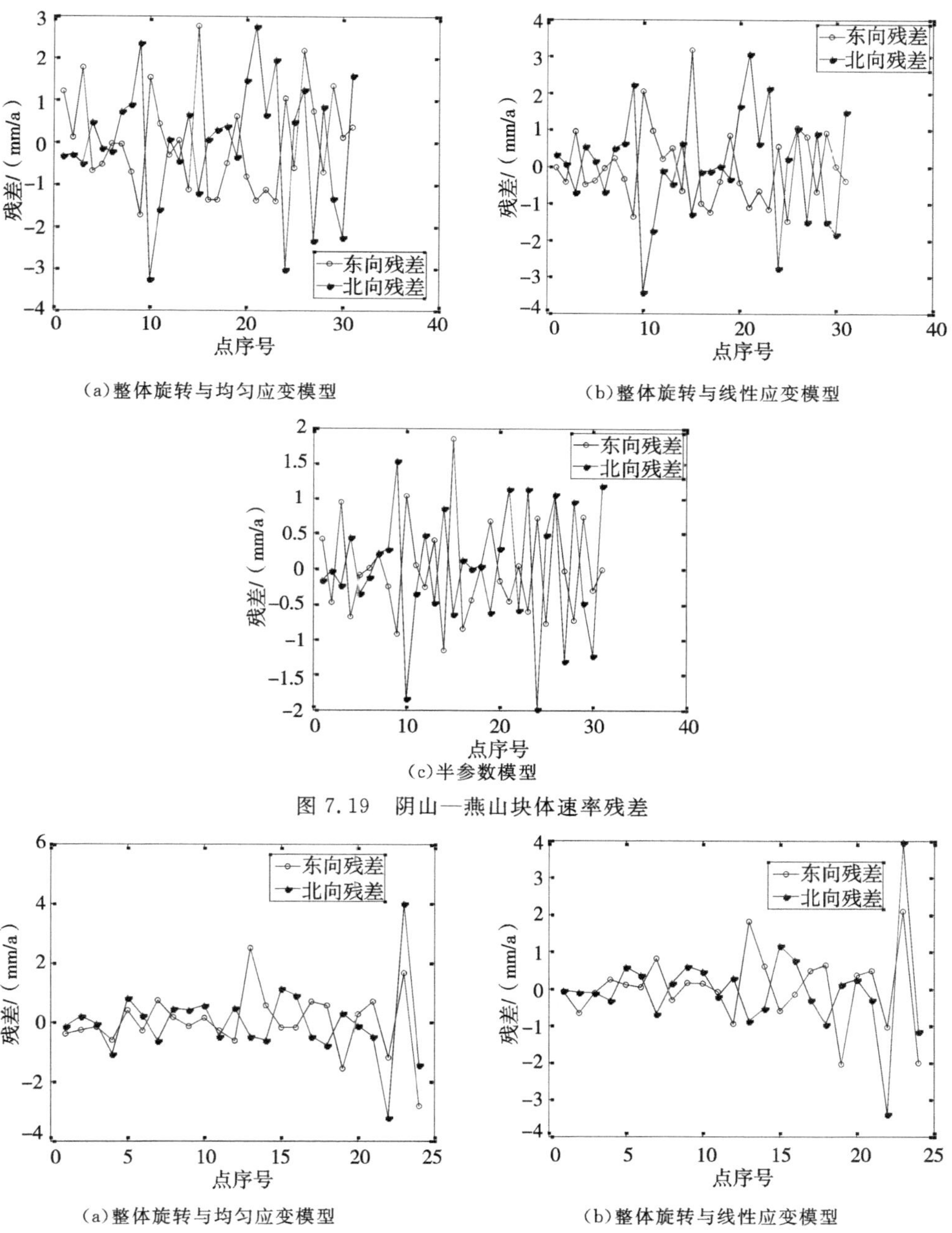

(a)整体旋转与均匀应变模型

(b)整体旋转与线性应变模型

(c)半参数模型

图 7.19　阴山—燕山块体速率残差

(a)整体旋转与均匀应变模型

(b)整体旋转与线性应变模型

图 7.20　山西块体速率残差

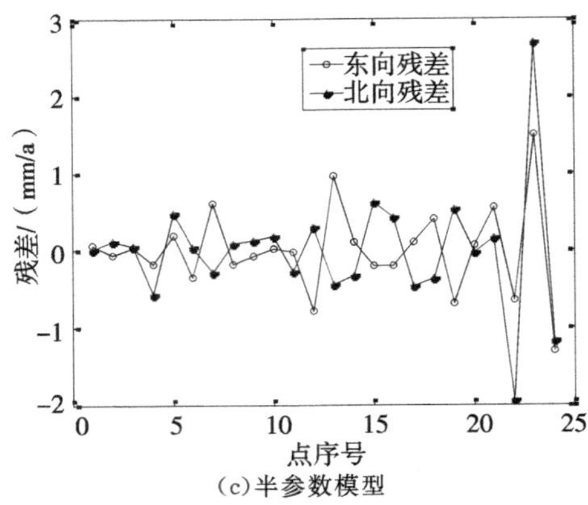

(c)半参数模型

图 7.20(续) 山西块体速率残差

根据以上结果分析发现：

(1)表 7.8、图 7.15 至图 7.20 给出的速率残差充分表明：地壳的弹塑性形变分析的半参数模型的拟合残差及残差标准差与整体旋转与均匀应变模型、整体旋转与线性应变模型相比都更小，这说明利用半参数模型分析地壳运动及块体内部形变，其结果更接近实际情况。

(2)由表 7.8 可以看出：三种模型解算的块体整体欧拉运动参数是不同的，有些块体差异很大，这可以从三种模型的建模物理机制不同来解释。

首先，板块的整体旋转与均匀应变模型考虑了板内形变，对于刚性模型有一定的改善，但其假设板内形变是均匀的，这在复杂的地质构造运动中是很难满足的，从表中三种模型来看，其结果最差。

其次，整体旋转与线性应变模型和整体旋转与均匀应变模型的区别在于它不仅考虑了板内形变，且假定板内应变是呈线性变化的。从结果来看，这个假设条件与均匀应变条件相比，与实际符合程度提高了一步。

再次，半参数模型与上述两种弹性运动模型相比，也考虑了板内形变，不同的是该模型并未对板内形变做任何假设，而是采用半参数模型特有的“非参数”补偿功能来修正整体旋转与均匀应变运动模型。其物理机制是假定板内形变、应变以均匀变化为主，但同时又认为板内形变并非完全按照均匀应变规律方式发生，故采用“非参数”描述偏离均匀应变的形变、应变部分，这一点有别于直接用“非参数”描述板内全部形变。

最后，本章解算结果证明了利用“非参数”补偿偏离板内均匀应变部分比直接补偿偏离刚体旋转运动部分的做法更切合实际，其结果明显优于另外两种弹性运动模型。

(3)为便于与最小二乘配置的结果进行比较，表 7.7 专门统计了两种模型对环渤海区域及其内部各块体运动拟合结果。从结果来看：两种模型解算的板块整体运动参数差异较大，但对实际观测值的拟合度都很高，从而从根本上保证了两种方法都是有效的地壳形变分析方法。整体旋转参数的差异不是本质的，它反映了两种模型对传统刚体模型改善的数学物理机制的不同。

(4)在解算半参数模型时，采用本章提出的赋相对权比的优化解法，大大缩小了正则参数搜索范围，效率提高较明显。补偿最小二乘法为确定平滑参数，一般需设置较大的搜索区间，如在区间 $a\in[0,k]$中以一定的步长按一定方法(本章按 L 曲线法)搜索最优正则参数。当能反映“平衡”的客观平滑参数包含在该区间时，可以得到合适的平滑参数；如果能反映“平衡”的客观平滑参数不在该区间时，就必须增大搜索区间上界 k 值，否则平滑参数就确定为 k。但是，新方法只需将相对权比搜索范围设置为 $a\in(0,1]$，只要以一定步长(本文设为 0.000 1)遍历 0～1 的数，总能得到客观的相对权比而无须变换搜索上界值。例如，本章利用 458 个 GPS 监测点速率建立环渤海区域整体运动的半参数模型时，分别采用式(6.3)和式(6.5)两种方法求解半参数模型参数时，将平滑参数搜索区间分别设置为“0：0.0001：10”和“0：0.0001：1”，得到相应正则参数为 0.785 7 和 0.560 0，统计程序运行耗时分别约为 24 分钟和 8 分钟。可见，对于较大型的数值计算问题，本章提出的赋相对权比优化解法是一种有效方法。

事实上，本章提出的准则式(6.5)与式(6.3)实际上是等价的，式(6.3)相当于将式(6.5)中的残差项前的相对权比固定为 1，而仅通过改变“非参数二次型”项前的相对权比调解二者平衡关系，可视为式(6.3)的一种特殊的相对权比关系。当采用相同方法确定平滑参数(相对权比)且步长足够小时，两种模型中“非参数”和残差项的相对权比值总是相同的。例如，本章解算环渤海区域整体半参数模型时，两种补偿最小二乘法得到的相对权比值的关系为$\frac{1-0.5600}{0.5600}=0.7857$，这个比值正好等于式(6.3)下的平滑参数值。

§7.2 环渤海区域地壳形变分析模型的讨论

7.2.1 各模型建模机制的讨论

本章所讨论的几种地壳运动分析模型，包括两种弹性运动模型(整体旋转与均匀应变模型和整体旋转与线性应变模型)、最小二乘配置模型和半参数模型，都是对传统刚体运动模型的完善和发展。与传统刚体运动模型相比，它们都考虑了板内形变，但对板内形变的数学及物理描述机制不同。鉴于前文已对整体旋转与均匀应变模型、整体旋转与线性应变模型、半参数模型及最小二乘配置模型都进行了对比研究，此处仅对最小二乘配置模型与半参数模型从其数学物理机制及模型解算方法上进行进一步分析和讨论。

与最小二乘配置模型相比，半参数模型利用“非参数”描述板内形变，且是在整体旋转与均匀应变模型基础上提出的。半参数模型将板内形变看作偏离整体旋转均匀应变的部分，利用“非参数”描述偏离整体旋转与均匀应变模型的形变。从模型的角度看，将偏离整体旋转均匀应变的部分视为整体旋转与均匀应变模型的模型误差，但对模型误差没做任何假设，利用“非参数”对整体旋转与均匀应变模型误差进行补偿，是对整体旋转与均匀应变模型和整体旋转与线性应变模型的发展和改进。半参数模型解决问题的条件是合理地确定正则参数和正则矩阵，正则参数一般应根据具体问题进行构造。本章直接采用时间序列法构造了正则矩阵，其出发点是假定在资料使用年限内，地壳形变是连续的，且具有一定周期性。应该说，除了个别特殊构造区域外，大部分地壳形变的连续性一般是可以满足的。但对地壳形变是否具有周期性，应有足够的理解。大量研究表明：地壳运动具有几百万年时间尺度的长期稳定性，地壳的新近运动是对长期地壳运动的继承，在短期内（以百年或几十年左右为时间尺度）地壳的运动变化应该不大。从这个角度来看，利用GNSS观测资料建立板块运动模型，其资料的时间尺度不会超过100年，地表监测速度反映的应是区域地壳的长期运动趋势与现时运动的复合结果。相对于漫长的地质年代，现今新构造运动可以看作正处于一定周期变化的短期运动。因此，以时间序列法构造半参数模型的正则矩阵是具有一定合理性的。

最小二乘配置模型将偏离板块整体运动趋势的板内形变视为信号，对板内形变性质不做任何假设，因此从理论上也是对整体旋转与均匀应变模型和整体旋转与线性应变模型的发展和改进。但是，最小二乘配置模型应用时最大的难题在于，至今依然没有任何一个经验协方差函数模型可以比较真实地描述地壳内部形变信号随距离的变化规律。本章采用的高斯指数形式的协方差函数，也仅是文献中常用方法。这种协方差函数模型被证明是随距离衰减比较快的函数形式，它能否反映数据区域的信号点间的真实联系尚无法证明。但这种利用距离将各信号点联系起来的方法被证明在一定范围内是有效的，如不超过1 500 km的范围内（江在森，2007）。其特点是能以建立的地壳最小二乘配置模型推估地壳空间任一点的形变信号，信号推估主要依赖于点之间的距离。这与半参数弹性运动模型完全依赖于函数模型补偿方法有本质区别，也是其优势所在。例如，胶辽块体的最小二乘配置模型分析结果优于半参数模型结果，是因为胶辽块体大部分被海水覆盖，台站分布极不均匀，这种情况下，最小二乘配置通过距离建立信号点间的联系推估形变信号比其他方法仅从数学上对模型的完善效果要好。

7.2.2 关于地壳运动及形变分析建模的进一步研究

本章研究的几种地壳运动及形变分析模型与实际观测结果拟合得较好，但并不是说这几种模型今后再没有改进的空间或不能发现更好的模型。事实上，就本章研究过程中所暴露出的问题来看，至少需要在以下几个方面还需进一步研究：

(1)利用最小二乘配置模型研究地壳运动时，协方差函数模型的确定。目前，最小二乘配置模型的协方差函数一般均采用随距离衰减型函数形式，但是地壳形变过程受许多非常复杂的因素共同控制，尤其是对引起板内形变的原因还无法确知的情况下，很难找到具有实际物理意义的协方差函数形式。

(2)地壳形变分析的半参数模型中，正则矩阵的确定。本章在建立环渤海区域地壳形变分析的半参数模型时，简单地按时间序列法构造了正则矩阵。这样做等同于默认地壳形变具有一定的周期性，这一条件对于不同区域的满足程度将成为这一方法应用的关键问题。目前，研究已经表明，很多突发因素会导致地壳形变的非周期性变化。如何根据不同的地质环境和构造活动给出符合地壳形变分析的正则矩阵形式是今后值得研究的课题。

(3)地壳介质及形变性质的研究。目前，大部分研究均假设地壳介质及形变在整个地壳岩石圈层具有连续性，但事实上地壳内部介质材料在不同区域可能相差较大，且形变可能会被隐伏断层、断裂阻断。因此，应该研究特殊构造附近的形变耦合模型，这将是一个非常有意义的课题。

(4)地壳运动的动态模型。地壳运动及形变是一个持续的动态过程，具有时变性，如果将一个点的运动过程用一系列时间序列进行描述和拟合，建立动态分析模型，将会获得更符合实际的分析模型。

(5)模型物理机制及解释。尽管对模型结果的解释与模型本身同等重要，但本章的研究和解释仅限于所使用的本区域的GNSS观测资料，得出的结论更多是从方法角度给出的。但需要指出的是，模型只有在对研究对象的物理机制比较了解的情况下才会更准确，因此，地壳形变分析与建模，必须深入研究引起地壳形变的动力学机制。

第 8 章　中国大陆主要块体的运动及形变模式反演

研究中国大陆构造块体形变,特别是地壳水平运动的研究一般基于地质、地球物理方法。丁国瑜(1991)根据地质资料,特别是有关构造活动资料,研究了中国大陆地壳的不均匀结构,将中国地壳划分为七个大的构造块体,并建立了描述近百万年来块体平均运动状态的地质学模型。鉴于近 20 年来,GPS、卫星激光测距等高精度几何大地测量观测成果的积累,国内外学者开始致力于利用多种形变监测数据进行地壳形变的研究(Flesch et al,2000;王琪 等,2002;朱守彪,2006),认为:几何大地测量数据具有很高的精度,足以直接监测地壳运动和构造形变的细微变化信息,反映地壳运动和变形的现势性和地壳演化的某些细节;而由地质、地震资料获得的地壳形变信息则反映一个较长历史时期内地壳的运动和变形特征,具有时段内地壳运动和变形的平均信息。基于两种或更多种观测数据和不同的反演方法,在地壳形变监测 、地球物理形变模型的检验及地壳运动速度场的建立等方面做了大量研究,取得了丰硕的成果(Hearn,2003;赵丽华 等,2009)。研究中,数据融合方法、相对权比、权的确定方法、反演准则等的不同是研究成果的准确性、可靠性等表现出差异性的原因,因此,以上问题成为地学反演研究的难点和热点问题(Flesch et al,2000;独知行 等,2003;王乐洋 等,2008,2009)。

为了获得可靠的地壳形变分析结果,本章拟基于混合最小二乘准则,充分考虑 GPS 速率和地震矩张量两类数据的几何物理特征和属性,建立两种数据的联合反演模型,求取地壳运动的欧拉参数,以实现不同类型数据的融合,使两类数据在时间尺度和获取技术上互相检核和约束,实现优势互补。

§8.1　联合反演模型中相对权比的确定方法

联合大地测量反演是利用多种数据对同一组物理参数进行建模,从而通过反演分析获得模型参数解。不同数据来自不同类型的观测值或不同时期的同类观测值,这使它们在反演分析中由于精度不匹配等问题而不能合理分配其权值(即相对权比),最终使大地测量反演结果受到影响。因此,如何确定联合反演分析模型的相对权比,使各类数据在模型求解中自洽地分配其贡献,就成为利用联合大地测量反演模型研究地球动力学的关键问题之一,有必要先讨论一下联合反演相对权比的确定方法。

8.1.1 平均分配法

相对权比的平均分配法是一种简单按使用数据类型平均分配相对权比的方法，设有模型

$$\Phi(\lambda_i,\varphi_i(\boldsymbol{m}))=\sum\lambda_i\varphi_i(\boldsymbol{m})\rightarrow \min \tag{8.1}$$

假定有 n 类观测数据，则有

$$\lambda_1+\lambda_2+\cdots+\lambda_n=1 \tag{8.2}$$

式中，λ_i 为第 i 类观测数据的相对权比值，且 $0\leqslant\lambda_i\leqslant1$；$\boldsymbol{m}$ 为参数空间；$\varphi_i(\boldsymbol{m})$为联合反演模型中第 i 类目标子函数，一般取为

$$\varphi_i(\boldsymbol{m})=(f_i(\boldsymbol{m})-d_i)^2 \tag{8.3}$$

其中，$f_i(\boldsymbol{m})$为第 i 类数据与反演参数之间的正演函数，d_i 为第 i 类观测数据。当有可靠精度信息时，$\varphi_i(\boldsymbol{m})$可取加权形式，即取为

$$\varphi_i(\boldsymbol{m})=P_i(f_i(\boldsymbol{m})-d_i)^2 \tag{8.4}$$

根据式(8.2)，当 $\lambda_i=\dfrac{1}{n}$时即为平均分配法。当缺乏先验信息时，往往采用这种办法，其优点是简单、易操作，缺点是未顾及各类观测数据对模型贡献的差异程度，可能会人为夸大或缩小数据对模型参数估计的贡献度。

8.1.2 方差分量估计法

所谓方差分量估计法，是事先不考虑各类数据的相对权比建立多种数据的联合反演模型，即在式(8.1)中，相对权比之和满足总和为 1 即可。在不顾及相对权比的情况下，通过方差分量估计使各类观测数据的单位权方差趋于一致，从而得到各类数据的合理权矩阵，同时，用得到的权矩阵对数据进行归一化处理。在此基础上，通过使联合反演的目标函数值最小，得到各类数据的相对权比因子。显然，这种方法比较科学合理，是一种值得推广的方法。

8.1.3 反演法

相对权比确定的反演法是独知行等(2001)提出的一种数值寻优方法，其思想是：不经过任何中间环节，直接将相对权比与待反演模型参数一同作为未知参数，通过使联合反演的目标函数达到最小而得到模型参数估值和相对权比的方法。这种方法的优点是可以减少人为干扰因素，直接通过数学方法获得相对权比因子，缺点是搜索工作量较大。

8.1.4 联合反演中相对权比的约束反演

相对权比反演法的优势在于可避免人为确定相对权比的主观性，但是忽略了

反演的实际，是一种纯粹的数学方法，有时得不到切合实际的反演结果。如果能够根据数据本身的某些先验信息，如对所有数据或部分数据质量（如精度信息）大致有所了解，则可根据数据质量情况，对相对权比值上下界附加某种约束，既可避免人为选择的主观性，又顾及了数据先验信息，若对参数也有一定了解，则对参数也附加一定的约束，可望进一步得到较好的反演结果。为此，可在式(8.1)的基础上，对参数和相对权比都施加一定的约束，则整个反演模型即为式(8.1)与约束模型的复合模型，即

$$\left.\begin{array}{l} a_i \leqslant h_i(\boldsymbol{m}) \leqslant b_i \\ 0 \leqslant c_i \leqslant \lambda_i \leqslant 1 \end{array}\right\} \tag{8.5}$$

式中，$h_i(\boldsymbol{m})$表达了对参数的某种约束，$h(\boldsymbol{m})$可以是线性的，也可以是非线性的，当有多个约束时，下标 i 表达了对参数的多种约束；第二式是对相对权比的约束；c_i 表示第 i 类数据相对权比的下界值。

联合反演模型相对权比的约束反演值就是在同时满足式(8.1)和式(8.5)条件下所得到的相对权比的反演值，而最终联合反演模型参数 $\boldsymbol{m}$ 的估值就是在相应相对权比值下的反演值。具体可按以下实施过程进行：

(1)建立式(8.1)。式(8.1)建立的关键在于能否正确建立各类数据与待反演参数的数学物理描述。一般来讲，可直接利用现有的大地测量、地质、地球物理中已建立的成熟模型，如基于力学模式的线弹性力学模型附加一定边值条件结合有限元方法反演块体介质材料的弹性模量、泊松比、边界力等、应变场等。

(2)对原始数据进行分析，获取数据和待反演参数的先验信息。例如，针对观测数据，可考虑从数据精度、是否包含系统误差等方面着手分析数据相对质量好坏，从而为第(3)步确定相对权比约束模型提供依据；针对模型参数，可根据已有试验值或经验，确定式(8.5)中参数或参数函数的约束端点值 a、b 值，如地壳弹性模量或密度等数值一般都有相对可靠的范围，利用这些信息很容易建立式(8.5)中第一式约束模型。

(3)根据第(2)步分析结果或已有经验，对相对权比附加适当约束，即确定式(8.5)中第二式的 c 值，从而确定对相对权比的有效下界约束。

(4)利用某种全局最优化方法，如可利用模拟退火或改进的模拟退火法、遗传算法和区间算法等作为反演分析的数学方法，确定模型参数初始值 $X^{(0)}$，并设定解的搜索方式，在式(8.2)的约束下更新模型参数 $X^{(0)}$ 和相对权比值 $\lambda^{(0)}$，得到相对权比和参数更新值 $\lambda^{(k)}$ 和 $X^{(\mathrm{k})}$。

(5)比较第(4)步中 $X^{(\mathrm{k})}$ 与 $X^{(0)}$ 作用于式(8.1)的目标函数值 $\Phi(\lambda,X)$，当相邻两次目标函数值差值的范数小于事先设定的阈值 ε 时，停止迭代过程；否则重复第(4)、(5)步，不断更新 $X^{(0)}$ 和 $\lambda^{(0)}$，并得到更新值 $X^{(\mathrm{k})}$ 和 $\lambda^{(k)}$，直到满足 $|\Phi(\lambda^{(k)},X^{(\mathrm{k})})-\Phi(\lambda^{(0)},X^{(0)})|\leqslant\varepsilon$ 时为止。迭代终止后，取 $X^{(\mathrm{k})}$ 作为最终反演模

型参数解，$\lambda^{(k)}$ 为对应最终相对权比的反演值。

1. 数值试验及分析

设某一大地测量反演问题建立的线性反演模型为 $\boldsymbol{V}=\boldsymbol{Bx}-\boldsymbol{l}$，在该模型中 $\boldsymbol{x}$ 为待反演的模型参数（某滑坡的几何变化信息），包括 4 个分量，即 x_1（长度）、x_2（宽度）、x_3（深度）和 x_4（倾斜），所附加的线性不等式约束为 $\boldsymbol{Gx}\leqslant\boldsymbol{W}$，同时由监测得到参数的变化范围是 $x_i\in[-0.2,2]$，反演参数真值为 $\tilde{\boldsymbol{x}}=[-0.07\quad -0.2\quad 0.20\quad 0.37]^{\mathrm{T}}$，具体原始数据参见相关文献（王乐洋 等，2009）。这里对原算例进行了如下的改化：令 $\boldsymbol{T}=[\boldsymbol{B}^{\mathrm{T}}\quad \boldsymbol{G}^{\mathrm{T}}]^{\mathrm{T}}$、$\boldsymbol{L}=\boldsymbol{Tx}$，并将 $\boldsymbol{L}$ 分为三组，即令 $\boldsymbol{L}=[\boldsymbol{L}_1^{\mathrm{T}}\quad \boldsymbol{L}_2^{\mathrm{T}}\quad \boldsymbol{L}_3^{\mathrm{T}}]^{\mathrm{T}}$，相应地 $\boldsymbol{T}=[\boldsymbol{T}_1^{\mathrm{T}}\quad \boldsymbol{T}_2^{\mathrm{T}}\quad \boldsymbol{T}_3^{\mathrm{T}}]^{\mathrm{T}}$，则原问题可简单看作由三类数据建立的不同线性反演模型构成的联合反演问题。鉴于实际中模型和观测数据都不可避免地会含有误差，故在三组观测数据及相应系数矩阵中分别模拟了大小不同的正态随机误差，具体数据如表 8.1 所示。

表 8.1　分组后原始数据及模拟误差情况

	$\boldsymbol{T}$					$\boldsymbol{L}$
$\boldsymbol{T}_1$	0.960 0	0.750 2	0.632 0	0.435 6	$\boldsymbol{L}_1$	0.065 8
	0.640 3	0.472 8	0.850 6	0.926 5		0.357 8
	0.616 7	0.850 6	0.867 9	0.980 7		0.825 6
$\boldsymbol{T}_2$	0.540 8	0.842 1	0.823 7	0.430 5	$\boldsymbol{L}_2$	0.010 6
	0.900 6	0.456 2	0.198 5	0.913 6		0.156 9
$\boldsymbol{T}_3$	0.234 7	0.289 6	0.863 7	0.510 3	$\boldsymbol{L}_3$	0.563 8
	0.200 5	0.198 2	0.465 2	0.463 5		0.213 5
	0.612 8	0.016 5	0.962 5	0.854 0		0.681 9

注：$\boldsymbol{T}_1$、$\boldsymbol{L}_1$ 中均模拟了服从 $N(0,0.05^2)$ 的随机误差，$\boldsymbol{T}_2$、$\boldsymbol{L}_2$ 中均模拟了服从 $N(0,0.01^2)$ 的随机误差，$\boldsymbol{T}_3$、$\boldsymbol{L}_3$ 中均模拟了服从 $N(0,0.03^2)$ 的随机误差。

考虑模型参数满足约束条件 $-0.2\leqslant x_i\leqslant 2\ (i=1、2、3、4)$ 的前提下（相当于式(8.2)第一式中 $h(\boldsymbol{x})=x$、$a=-0.2$、$b=2.0$ 的情形），采用五种方案进行反演计算：

方案 1：三类数据按各自模拟方差定权，相对权比均取为 1/3 进行联合反演。

方案 2：三类数据按各自模拟方差定权，式(8.2)中相对权比下界约束值分别取为 $c_1=0.1$、$c_2=1/3$、$c_3=0.1$，将相对权比与模型参数一并进行联合反演。

方案 3：三类数据按各自模拟方差定权，式(8.2)中相对权比下界值分别取为 $c_1=0.1$、$c_2=1/3$、$c_3=0.2$，将相对权比与模型参数一并进行联合反演。

方案 4：三类数据按各自模拟方差定权，式(8.2)中相对权比下界值分别取为 $c_1=0.2$、$c_2=1/3$、$c_3=0.1$，将相对权比与模型参数一并进行联合反演。

方案5：三类数据按各自模拟方差定权，相对权比与模型参数一并进行联合反演，但不对相对权比做任何约束，即式(8.2)中相对权比下界值分别取为 $c_1=c_2=c_3=0$。

各方案反演结果列于表8.2，其中，$\hat{\boldsymbol{x}}$ 为参数反演值，$\|\Delta\boldsymbol{x}\|=\|\boldsymbol{x}-\hat{\boldsymbol{x}}\|$ 为参数反演值与真值之差的范数。

表8.2 各方案反演结果

反演方案	参数反演值 $\hat{\boldsymbol{x}}$	相对权比值 $\boldsymbol{\lambda}$	$\|\Delta\boldsymbol{x}\|$
方案1	$[-0.1198\quad -0.1884\quad 0.1795\quad 0.3606]^T$	$[1/3\quad 1/3\quad 1/3]^T$	0.0819
方案2	$[-0.1191\quad -0.1877\quad 0.1771\quad 0.3627]^T$	$[0.1\quad 0.8\quad 0.1]^T$	0.0838
方案3	$[-0.1083\quad -0.1992\quad 0.1860\quad 0.3557]^T$	$[0.1\quad 0.7\quad 0.2]^T$	0.0687
方案4	$[-0.1321\quad -0.1705\quad 0.1641\quad 0.3694]^T$	$[0.2\quad 0.7\quad 0.1]^T$	0.1043
方案5	$[-0.2000\quad -0.0450\quad 0.0536\quad 0.4145]^T$	$[0.97\quad 0.02\quad 0.01]^T$	0.2747

2. 分析及讨论

对表8.2各方案反演结果进行对比可以看出，当根据模拟误差精度对相对权比进行不同约束反演时得到了不同反演结果。本章在对相对权比进行约束时，考虑第二组数据模拟精度最高、第三组次之、第一组最差的实际，在三类数据联合反演时，充分利用先验精度信息考虑三组数据的贡献度定权。例如，对于第二组数据，由于其精度最高，可考虑使其相对权比具有不小于1/3的贡献度，而对其余两组数据进行了不同下界阈值的约束试验，试验结果是：当对相对权比按精度进行符合实际的约束反演时，反演结果有比较显著的改善(方案3)。这是因为方案3的相对权比约束下界值很好地顾及了三组数据的精度情况，正确反映了各类数据在联合反演中应有的贡献度；而当相对权比约束不符合实际时，反演结果反而比将相对权比简单平均分配的结果差。方案2认为第一组数据和第三组数据至少应该有相同的贡献，而方案4认为第一组数据应有高于第三组数据的贡献，显然，根据模拟误差先验信息，这两种约束都不合理；当对相对权比不做任何约束并将相对权比与待反演参数一起反演时的结果最差(方案5)，并且从结果看，几乎完全拟合了第一组数据，而第一组数据精度恰恰是最差的，这说明仅将相对权比简单地与其他参数一起作为反演参数参与反演计算的过程是一种纯粹的数学方法，没有顾及数据本身实际情况。

如何确定相对权比是利用多种数据进行大地测量联合反演分析的关键问题之一。目前，在进行联合反演分析时，确定相对权比并无权威方法。本章模拟试验表明：将相对权比与待反演参数一起作为未知参数参与反演的方法是可行的，但必须根据数据质量或地球物理的某些先验信息，对相对权比进行适当约束才能取得比较合理的结果。且考虑通常事先难以对各类数据有绝对精确了解，因此，这种约束一般也不宜太强。例如，针对本章第二组数据，因其精度最高，反演时仅根据模拟误差精度对其相对权比下限进行了不低于平均贡献度约束，而并未对其上限做进一步约束；事实上，当对数据缺乏足够了解时，不适当约束反而会导致扭曲的结果。因此，当缺乏数据先验信息时，如何确定联合反演分析中相对权比是值得进一步研究的问题。

§8.2　利用 GPS 和地震矩张量资料联合反演中国大陆主要块体现今运动状态

8.2.1　关于地震矩张量的预备知识

地震学中，考虑震源过程时，假定地震发生岩石破裂是因为有力的作用，于是在震源处引进了等效力的思想，即假设等效力在地球表面产生的位移与由震源区的实际物理过程在地球表面产生的位移相同。由于岩石的破裂是一种内源，因此，既不宜用单力表示，也不宜用单力偶表示。历史上有用无矩双力偶表示震源的，但是其假设震源是剪切破坏的。加拿大学者 Gilbert 于 1971 年首先引进了矩张量的概念，他将矩张量定义为作用在一点上的等效体力的一阶矩，其结果开辟了用矩张量表示震源的研究工作。现在，人们对矩张量很感兴趣，是因为用矩张量表示震源，无须事先对震源机制作任何假定，并且远场位移用矩张量表达是线性关系式。

科斯特罗夫证明：岩体地震过程引起的平均应变率张量等于发生在单位体积内的所有地震的矩张量总和，因此，间隔为 T 的时段内的平均地震应变率可表示为

$$\dot{\varepsilon}_{ij}=\frac{1}{2\mu VT}\sum_{k=1}^{n}M_{ij}^{k} \tag{8.6}$$

式中，V 为地震应变体体积，μ 为剪切模量，M_{ij} 为震源的矩张量分量，n 为 V 内地震的个数。矩张量 M_{ij} 通过震源机制断层面解和地震矩予以确定，即

$$M_{ij}=M_0(\bar{u}_i\bar{n}_j+\bar{u}_j\bar{n}_i) \tag{8.7}$$

式中，$\bar{u}$ 和 $\bar{n}$ 分别表示单位滑动向量和震源断层面单位法向量，M_0 为标量矩，即

$$M_0=\mu AD \tag{8.8}$$

其中，A 是震源断层面的面积，D 是断层面的平均错动量。实际计算时，往往使用经验关系，即

$$M_0=10^{\frac{M_S-\alpha}{\beta}} \tag{8.9}$$

式中，M_S 为面波震级，α、β 为经验常数。

8.2.2 基于混合最小二乘建立两类资料的融合模型

1. 基本模型

假设历元 t 有 n 个观测量 $\boldsymbol{L}(t)$，则

$$\boldsymbol{L}(t)=\boldsymbol{AX}(t)+\boldsymbol{e} \tag{8.10}$$

式中，$\boldsymbol{X}(t)$ 为时刻的状态向量；$\boldsymbol{A}$ 为设计矩阵；$\boldsymbol{e}$ 为观测噪声向量，且 $E(\boldsymbol{e})=0$，$E(\boldsymbol{ee}^{\mathrm{T}})=\boldsymbol{\Sigma}$。

再假设已经获得 t_0 时刻的状态向量 $\boldsymbol{X}(t_0)$，则式(8.7)可写为

$$\boldsymbol{V}(t)=\boldsymbol{A}\hat{\boldsymbol{x}}(t)+\boldsymbol{l}(t) \tag{8.11}$$

式中，$\boldsymbol{V}(t)$ 是残差向量，$\hat{\boldsymbol{x}}(t)$ 为待估参数向量，且

$$\boldsymbol{l}(t)=\boldsymbol{AX}(t_0)-\boldsymbol{L}(t) \tag{8.12}$$

$$\hat{\boldsymbol{x}}(t)=\boldsymbol{X}(t)-\boldsymbol{X}(t_0) \tag{8.13}$$

若将由地震矩张量计算求得点的状态向量 $\bar{\boldsymbol{x}}(t)$ 看 t 时刻的伪观测向量，并令残差向量为 $\boldsymbol{V}_x$，则有

$$\boldsymbol{V}_x=\hat{\boldsymbol{x}}(t)-\bar{\boldsymbol{x}}(t) \tag{8.14}$$

把观测向量 $\boldsymbol{L}(t)$ 和伪观测向量 $\bar{\boldsymbol{x}}(t)$ 看作一个随机过程，并做如下约束

$$\lambda\boldsymbol{V}^{\mathrm{T}}\boldsymbol{PV}+(1-\lambda)\boldsymbol{V}_x^{\mathrm{T}}\boldsymbol{P}_x^{-}\boldsymbol{V}_x=\min \tag{8.15}$$

式中，$\boldsymbol{V}$ 即为 $\boldsymbol{V}(t)$；$\boldsymbol{P}$ 为观测向量权矩阵，$\boldsymbol{P}=\boldsymbol{\Sigma}^{-1}$；$\boldsymbol{P}_x^{-}$ 为伪观测向量 $\boldsymbol{X}(t)$ 的权矩阵；λ 为相对权比。

假设两种观测量随机独立，将地震矩张量模型预报参数作为先验信息，将GPS观测获得的基线向量作为观测量，依据混合最小二乘原则求解欧拉运动参数，按照“反演法”确定相对权比。

2. 观测量与反演参数的描述

1)GPS 观测量

观测量为站坐标系下东向和北向水平速度分量 v_{e} 和 v_{n}，即 $\boldsymbol{L}(t)=[v_{\mathrm{e}}\ \ v_{\mathrm{n}}]^{\mathrm{T}}$，则板块运动的旋转矢量矩阵为

$$\boldsymbol{A}=\begin{bmatrix}-r\cos\lambda\sin\varphi & -r\sin\lambda\sin\varphi & r\cos\varphi\\ r\sin\lambda & -r\cos\lambda & 0\end{bmatrix} \tag{8.16}$$

式中，λ、φ 是点的经纬度，r 代表地球半径。参数为三个欧拉矢量，即

$$\boldsymbol{X}(t)=\begin{bmatrix}\omega_x\\ \omega_y\\ \omega_z\end{bmatrix} \tag{8.17}$$

2)地震矩张量

地震矩张量通过式(8.6)至式(8.9)计算，由平均地震应变率计算格网节点的欧拉旋转参数，即

$$\left.\begin{aligned}\dot{\varepsilon}_{\varphi\varphi}&=\frac{\Theta}{\cos\theta}\cdot\frac{\partial W}{\partial\varphi}+\frac{u_r}{r}\\\dot{\varepsilon}_{\theta\theta}&=-\Phi\cdot\frac{\partial W}{\partial\theta}+\frac{u_r}{r}\\\dot{\varepsilon}_{\varphi\theta}&=\frac{1}{2}\left(\Theta\cdot\frac{\partial W}{\partial\theta}-\frac{\Phi}{\cos\theta}\cdot\frac{\partial W}{\partial\varphi}\right)\end{aligned}\right\}\tag{8.18}$$

式中，Θ、Φ 分别为测点在北、东方向的单位矢量。

3)反演参数

反演参数为

$$\left.\begin{aligned}\omega&=(\omega_x^2+\omega_y^2+\omega_z^2)^{\frac{1}{2}}\\\varphi&=\arcsin\left(\frac{\omega_z}{\omega}\right)\\\theta&=\arctan\left(\frac{\omega_y}{\omega_x}\right)\end{aligned}\right\}\tag{8.19}$$

$$\left.\begin{aligned}\boldsymbol{m}&=(\theta_i,\varphi_i,\omega_i)\\\boldsymbol{M}&=(\theta_i,\varphi_i,\omega_i,\lambda_i)\end{aligned}\right\}\tag{8.20}$$

式中，θ_i、φ_i、ω_i、λ 分别表示第 i 个板块欧拉极纬度、经度、块体旋转角速度和相对权比。

3. 块体间褶皱带的缩短率及滑动模型

块体间褶皱带的缩短速率及滑动反映了块体间相对运动状况，为此，利用相邻块体重心水平运动速率矢量计算块体间褶皱带缩短速率矢量，即

$$\left.\begin{aligned}\boldsymbol{V}_{ij}&=\boldsymbol{V}_j-\boldsymbol{V}_i\\\boldsymbol{V}_{ij}&=\boldsymbol{V}_1+\boldsymbol{V}_2\end{aligned}\right\}\tag{8.21}$$

式中，$\boldsymbol{V}_{ij}$ 表示褶皱带缩短速率矢量，是分析褶皱带滑动的依据；$\boldsymbol{V}_i$、$\boldsymbol{V}_j$ 为相邻两块体重心水平速率矢量；$\boldsymbol{V}_1$、$\boldsymbol{V}_2$ 分别为 $\boldsymbol{V}_{ij}$ 的纬向、经向的速率矢量。

8.2.3　数据处理及块体划分

基础数据采用 GPS 观测数据和地震矩张量两种数据。由于数据收集比较困难，GPS 数据利用王琪(2001)给出的中国大陆及其周边地区 362 个 GPS 观测值的位移量和许才军等(2000)给出的地震矩张量，并剔除对计算结果有较大影响的 $M_0\geqslant 0.5e^{21}$ Nm 的地震数据后的数据，作为联合反演数据进行反演试验。

以上两类观测数据都提供了中国大陆板内各构造单元的基本运动信息，在计算时应考虑某些活动块体上的观测数据，特别是 GPS 数据量不能较好地确定它们的运动参数时。因此，按照独知行等(2006)对中国大陆进行块体划分的方式将中国大陆划分为 7 个亚板块和 14 个主要活动块体，具体块体划分如图 8.1 所示。根据前述模型，利用地震矩张量和 GPS 两类数据联合反演得出了 7 个亚板块和 14 个

主要活动块体的运动参数值,相关反演结果列于表 8.3 和表 8.4。

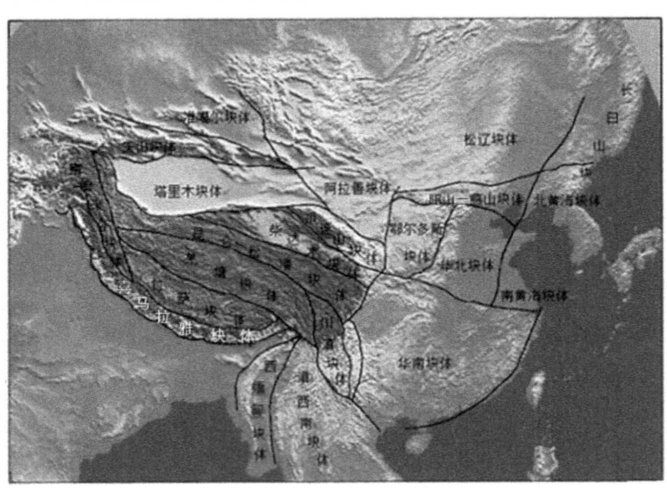

图 8.1 中国大陆及邻区块体划分

表 8.3 中国大陆内亚板块相对于欧亚板块运动的欧拉矢量

亚板块名称	欧拉矢量转速 /((°)/Ma)	欧拉极纬度 /(°)	欧拉极经度 /(°)	λ
欧亚板块(约束)	0.038	0.70	23.19	
黑龙江	0.225±0.012	36.7±0.2	59.7±0.2	0.18
华北	0.261±0.005	33.1±0.1	79.1±0.3	0.29
华南	0.287±0.001	17.4±0.3	77.2±0.3	0.31
川滇	1.027±0.042	24.6±0.5	84.3±0.1	0.51
甘青	0.397±0.004	26.4±0.2	74.7±0.4	0.41
西藏	0.291±0.009	19.2±0.1	61.2±0.3	0.48
新疆	0.240±0.001	31.7±0.2	68.5±0.2	0.38

表 8.4 中国大陆内主要块体相对于欧亚板块运动的欧拉矢量

块体名称	欧拉矢量转速 /((°)/Ma)	欧拉极纬度 /(°)	欧拉极经度 /(°)	λ
欧亚板块(约束)	0.038	0.70	23.19	
松辽	0.560±0.061	42.1±0.5	67.0±0.2	0.31
阴山一燕山	0.052±0.001	10.4±1.0	94.4±0.4	0.27
鄂尔多斯	0.504±0.035	43.2±1.2	112.4±0.2	0.31
华北	0.451±0.083	39.6±0.4	113.5±0.3	0.32

续表

块体名称	欧拉矢量转速 /((°)/Ma)	欧拉极纬度 /(°)	欧拉极经度 /(°)	λ
华南	0.257±0.009	17.1±0.1	77.4±0.1	0.28
川滇	1.200±0.016	27.0±0.1	82.7±0.5	0.49
羌塘	0.931±0.015	26.4±0.2	86.2±0.3	0.57
喜马拉雅	0.514±0.002	19.2±0.3	67.0±0.1	0.45
柴达木一祁连山	0.493±0.004	26.7±1.1	79.1±0.5	0.47
塔里木	0.482±0.004	34.4±0.2	81.6±0.2	0.34
天山	0.342±0.017	32.5±0.7	78.7±0.6	0.32
准噶尔	0.103±0.018	58.2±0.2	34.2±0.2	0.39
阿拉善	0.197±0.003	30.4±0.8	80.3±0.3	0.28
昆仑—松潘	0.262±0.021	38.6±0.6	93.2±0.3	0.47

8.2.4　反演结果分析及讨论

(1)表 8.3 给出了中国大陆板内西藏亚板块、川滇亚板块、甘青亚板块、新疆亚板块、华南亚板块、华北亚板块、黑龙江亚板块七个亚板块的欧拉旋转矢量参数。欧拉矢量转速平均约为:西藏亚板块中构造块体为 0.562(°)/Ma,新疆亚板块中各构造块体为 0.261(°)/Ma,华北亚板块为 0.252(°)/Ma,华南亚板块为 0.281(°)/Ma。亚板块整体上是以西藏亚板块为中心的向外辐射的扇形的运动态势,表现出复杂的运动格局,运动以南北带为分界线,西部从南北逐渐减弱。

(2)中国大陆亚板块和主要构造块体运动的基本趋势和特征为:大陆地壳的形变具有明显的整体形变趋势,同时亚板块或构造块体之间又表现出构造运动的区域性和差异性。特别是华北亚板块中的阴山—燕山块体、新疆亚板块中的准噶尔块体和西藏亚板块中的昆仑—松潘块体与同一亚板块中其他块体运动存在较大差异。

(3)该结果为两种数据的尺度和精度相互融合,趋势上与已有地质结论(丁国瑜,1991)符合较好。

(4)中国大陆各主要活动块体运动分析。南北构造带中,南段西侧的西藏亚板块中各块体都有明显的向北东方向的侧向挤压和顺时针旋转,三个块体的运动速率,向北逐次递减,北北东的运动方向逐渐按顺时针偏转向北东。喜马拉雅块体、羌塘块体、昆仑—松潘块体的运动量分别为 28.5 mm/a、21.1 mm/a 和 14.3 mm/a,旋转量分别为 4.9×10^{-9}(°)/a、1.3×10^{-8}(°)/a 和 2.6×10^{-8}(°)/a。这种北东向的强挤压导致了华北板块中的各块体都在做逆时针方向的旋转运动，运动方向为由南东东向南东方向转变。鄂尔多斯块体、阴山—燕山块体、华北块体的运动量分别为 4.7 mm/a、2.8 mm/a 和 4.9 mm/a，旋转量分别为 3.7×10^{-10}(°)/a、7.7×10^{-10}(°)/a 和 8.4×10^{-10}(°)/a。华南块体向南东运动并做顺时针旋转，运动和旋转量分别为 8.3 mm/a 和 7.7×10^{-10}(°)/a，从北向南各块体的运动方向整体上有明显的右旋趋势。与西藏亚板块相比，新疆亚板块的运动速率明显减弱，其运动方向明显向西偏，运动量为 7.7 mm/a，呈逆时针旋转，旋转量为 3.7×10^{-9}(°)/a；甘青亚板块明显东偏，运动量为 7.1 mm/a，呈顺时针旋转，旋转量为 4.8×10^{-9}(°)/a。在亚板块中，各构造块体表现出与板块不同的运动方式和量级，如准噶尔块体呈现逆时针旋转状态。分析表明：以阿尔金断层为界，新疆亚板块和甘青亚板块的运动方向有明显的不连续，这主要是阿尔金断层有较大的左旋错动造成的。川滇块体是东部与西部的结合部位，构造运动活跃，运动量较大，向南东方向运动，运动量为 10.9 mm/a，反映了印度板块向北的推挤在川滇块体引起了较大的运动量。

(5)主要褶皱带压缩速率分析。中国大陆地壳形变，不仅反映在板内各构造块体自身的运动和变形上，在各构造块体之间褶皱带的变形特征上也有显著的体现。根据式(8.21)计算的各活动块体间相对压缩速率为：喜马拉雅与羌塘块体之间的褶皱带显示挤压变形，压缩率约为 21.6 mm/a；羌塘块体和昆仑—松潘块体之间压缩率西部约为 18.3 mm/a，东部约为 6.4 mm/a，并呈左旋错动的态势；昆仑—松潘块体与塔里木块体之间的挤压速率约为 6.4 mm/a，与柴达木块体之间的压缩率约为 8.6 mm/a，有左旋走滑运动；塔里木块体与准噶尔块体、准噶尔块体与天山块体之间均为挤压变形，压缩率分别为 2.2 mm/a 和 6.4 mm/a；塔里木块体与阿拉善块体之间呈左旋错动，压缩率约为 6.7 mm/a；南北带的各个段落存在着不同的形变特征，大多呈右旋剪切运动，与川滇块体、昆仑—松潘块体、柴达木块体和阿拉善块体相联系的各段落的压缩率依次为 4.3 mm/a、10.5 mm/a、6.3 mm/a、6.6 mm/a，南北带东部各块体边界带压缩率明显小于西部，平均约为 3.7 mm/a；华南亚板块与华北亚板块之间边界带呈左旋剪切变形，压缩率最小，约为 2.4 mm/a；鄂尔多斯与华北块体之间边界带呈右旋剪切变形，压缩率最大，约为 4.7 mm/a。褶皱带形变的反演结果表明：西部各褶皱带变形远大于东部，西南部变形大于西北部，总体体现印度板块北东向的推挤作用及南北带削减和吸收作用。特别是南北带与阿尔金断裂的左旋错动、华南与华北之间的左旋剪切等形变，基本表征了大陆内部褶皱带形变的总体特征和现今趋势，这与地质结论有较好的吻合。

第9章　结束语及展望

目前，人类探测地球的深度尚不足13 km，还不能很好地依靠直接探测资料了解地球深部的精细结构和力学特性，因此，对地球深部的诸多动力学知识主要依赖于建立各种地学模型进行间接推测获得。现代大地测量技术测定的地表位移是地球深部动力过程的力学输出信号，其中包含着地壳内部圈层对各种动力作用的响应过程信息，可直接建立多种运动学模型，并为动力学模型提供不可或缺的定量约束条件，使动力学理论与实际观测数据有机结合，从而较为科学地预测未来。

由于地球总是处于不断的运动及形变状态，表现为形式多样、机制复杂的不同时空尺度的地球动力学现象，因此，对其建立准确的数学分析模型是一项极富挑战性的科学工作，其中涉及地球科学的诸多分支学科。经过几十年的相互交叉、相互渗透和发展，已初步形成一门当代前沿的交叉子学科——地形变大地测量学。本书研究的内容仅仅是形变大地测量学需要研究和解决的浩瀚科学问题之一隅，希望借此研究在广袤的地球科学海洋里激起一丝浪花。

本书以地壳运动理论、多源数据融合理论、弹性介质力学理论、混合最小二乘理论、半参数模型理论、最小二乘配置理论、大地测量联合反演理论等为指导，以建立地壳弹塑性形变反演分析模型为主题，顾及地壳运动的局部形变特征，建立了几种地壳弹塑性形变反演分析模型，研究了环渤海区域和中国大陆各主要块体的地形变特征和时空分布规律。主要贡献如下：

(1) 利用中国“陆态网”在环渤海区域最新GPS监测数据，分别建立了基于ITRF2008的全球参考框架和以欧亚板块运动为背景场的环渤海区域地壳形变分析的整体旋转与均匀应变和整体旋转与线性应变两种弹性反演分析模型。研究结果表明：整个环渤海区域地壳运动存在沿北西18.5°方向向两端微弱扩张的趋势；数据分析结果证实了块体内部应变参数与参考框架的选取无关，各分块体局部形变状态参数值与整体存在较大差异，且各分块体应变状态参数值之和不等于相应整体参数值。

(2)利用“陆态网”最新监测数据，建立了环渤海区域地壳形变分析的最小二乘配置反演分析模型。鉴于板内地壳形变在空间和方向上均存在明显的差异，提出了采用分区、分方向建立协方差函数模型。研究结果表明：在陆地区域，其结果与整体旋转与均匀应变模型和整体旋转与线性应变模型结果具有较好的一致性，但在胶辽块体，其结果优于两种弹性运动模型。这说明在缺乏数据及台站分布不均匀情形下，最小二乘配置模型根据监测台站的距离联系建立地壳形变分析模型，更具合理性。

(3)针对整体旋转与均匀应变模型和整体旋转与线性应变模型分别假设地壳局部形变、应变须满足“均匀”与“线性”变化的条件难以适用于复杂构造地质区域地壳形变分析的问题，提出一种新的地壳运动半参数模型——半参数弹性运动形变分析模型。新模型将偏离板块刚性运动趋势的板内形变进一步细分为“均匀”应变和“非均匀”应变两部分，利用“非参数”拟合板内“非均匀”应变部分。分析数据表明：新模型较好地改善了整体旋转与均匀应变模型和整体旋转与线性应变模型，具有提取板内精细形变成分的能力。

(4)基于混合最小二乘理论、多源数据融合理论、大地测量联合反演理论及方法，提出将地震矩张量的模型预报值作为虚拟观测值，与GPS观测速率一起作为观测值建立地壳形变分析的联合反演模型的新方法。对中国大陆亚板块(7个)和各主要块体(14个)的运动模式及形变分析结果表明：新方法反演结果能有效拟合测点实际观测值，并与地质学结论符合较好。这表明本书方法在地形变分析领域是一种多源数据融合模式的新探索。

(5)鉴于地学联合反演问题中，常常会对参与反演的数据有一定的了解，提出了一种根据数据的先验信息对相对权比施加约束的大地测量联合反演新方法。数值试验表明：新方法能有效改善反演解，获得更加合理的模型参数值。新方法通过先验信息对相对权比施加合理约束，有效缩小了相对权比的搜索范围，提高了求解效率，为有效利用先验信息进行约束并进行联合反演分析提供了一种新途径。

基于大地测量资料开展地壳形变分析的研究是地球动力学及地震学中的重要内容，并被国际科学界公认为地震科学和地震预报的三大支柱性技术手段。它对地球科学，尤其是对地球动力学，有着不可替代的贡献和推动作用，已被学界接受和认识，但其自身理论的严密性及应用的深度和广度都需要进一步研究。基于本书对这一领域的研究思路，认为后续研究至少需要在以下几个方面有所改进：

(1)尽可能将地壳介质性质扩展到黏弹塑性。建立准确逼真的地壳运动模型离不开准确的数学物理模型，为此，不可避免地需要研究地壳的介质性质。本书在建立地壳形变分析模型时，将地壳看成具有弹塑性介质性质的连续空间形变场。事实上，地球内部可能具有更复杂的介质材料，某一点的形变、应变过程可能具有时滞性。因此，应该考虑从多种力学模型(包括弹性、弹塑性、黏弹性、黏弹塑性)中探求更真实、更符合实测数据的建模方法。

(2)不同观测资料的地形变联合反演模型中相对权比研究。随着观测资料的不断积累和完善，利用多种数据建立联合反演模型才能更细致、更准确地探求地学规律，获得关于地球内部圈层的新认识。各类数据量纲、技术性质等的差异性，导致人们难以合理分配各类数据对模型参数反演解的贡献。对于这个问题的解决是值得继续研究的课题。本书尝试性地根据数据先验信息对相对权比施加约束解决这一问题，但获得数据准确的先验信息有时是难以实现的。尤其是当数据在三种以上时，这一问题的难度会显著增大。

(3)复杂构造区域耦合地形变分析模型研究。可能导致地形变分析模型难以有最佳预报效果的情形为：①研究区域内，地壳岩石圈内部介质材料性质及空间分布不均匀；②区域内各种断裂、褶皱、隐伏断层等高度发育。这两种情形都会使地壳形变的连续性遭到破坏。因此，应该开展特殊构造带与“正常”区域的地形变耦合模型的研究，建立统一的、适合全板块的地形变分析模型。

(4)地壳形变分析的半参数模型正则矩阵研究。在数据处理和模型理论领域，已由参数模型发展到非参数模型和半参数模型阶段，半参数模型及其理论在大地测量的许多领域发挥了重要作用。本研究将半参数模型引入地壳形变分析，初步证明用“非参数”描述板内不规则形变具有可行性，但模型中正则矩阵在形式上缺乏明确的物理意义，这严重妨碍了半参数模型的地学解释能力。今后应努力构造具有实际物理意义的正则矩阵，以加强半参数模型在地学数据处理领域应用的深度和广度。

尽管地学问题非常复杂，利用大地测量技术研究地学问题在理论和应用上都存在许多困难，但是鉴于地球动力学和地壳运动学发展的迫切需求及模型不精确表达问题的长期存在，利用大地测量基础资料研究地壳形变的科研工作将继续呈现勃勃生机。

参考文献

安美建,石耀林,李方全,1998.用遗传有限单元反演法研究东亚部分地区现今构造应力场的力源和影响因素[J].地震学报，20(3):225－231.

安欧,1992.构造应力场[M].北京:地震出版社.

柴洪洲,2006.地壳运动背景场及其检测网数据处理理论与方法研究[D].郑州:解放军信息工程大学.

柴洪洲,崔岳,明锋,2009a.最小二乘配置法确定中国大陆主要块体运动模型[J]. 测绘学报，38(1):61-65.

柴洪洲,崔岳,翟天增,等,2009b.中国大陆主要块体水平运动协方差函数确定方法研究[J].大地测量与地球动力学,29(4):76-78.

陈俊勇,2010.GPS技术进展及其现代化[J].大地测量与地球动力学,30(3):1-4.

陈俊勇,刘允诺,张骥,等,1994.在板块边缘的冲撞地区重力场的求定[J].测绘学报，23(4):241-246.

程鹏飞,成英燕,秘金钟,等,2013c.GCS2000板块模型构建[J].测绘学报,42(2):159-167.

崔希璋,於宗俦,陶本藻,等,2009.广义测量平差[M].2版．武汉:武汉大学出版社．

党亚民,陈俊勇,刘经南,等,1998.利用国家GPS A级网资料对中国大陆现今水平形变场的初步分析[J].测绘学报,28(3):81-87.

党亚民,陈俊勇,张燕平,等,2002.利用GPS资料分析南天山地区的地壳形变特征[J].测绘科学,27(4):13-15.

邓起东,Monlnar P,Brown E T,等,2001.天山南缘北轮台断裂库尔楚段晚第四纪的最新活动和滑动速率[J].内陆地震，15(4):289-298.

邓文泽,陈九辉,郭飚,等,2014.龙门山断裂带精细速度结构的双差层析成像研究[J].地球物理学报,29(4):1101-1110.

邓运华,2002.渤海油气勘探历程回顾[J].中国海上油气地质,16(2):98-101.

丁国瑜,1991.中国岩石圈动力学概论[M].北京:地震出版社.

丁开华,许才军,邹蓉,等,2013.利用GPS分析川滇地区活动地块运动与应变模型[J].武汉大学学报(信息科学版),38(07):822-827.

丁士俊,陶本藻,2003.参数回归与平差模型[J].大地测量与地球动力,23(4):111-116.

丁士俊,陶本藻,2004.自然样条半参数模型与系统误差估计[J].武汉大学学报(信息科学版),29(11):966-967.

独知行,卢秀山,2003a.基于力学模式大地测量反演理论及应用[M].北京:地震出版社.

独知行,卢秀山,阳凡林,等,2006.中国大陆主要块体现今变形状态的反演研究[J].测绘科学,31(4):32-34.

独知行,欧吉坤,韩保民,等,2001.大地测量反演中参数可辨识性问题[J].测绘学报,30(4):304-308.

独知行,欧吉坤,靳奉祥,等,2003b.联合反演模型中相对权比的优化反演[J].测绘学报,32(1):15-19.

范桃园,孙玉军,吴中海,2014.青藏高原东缘旋转变形机制的数值模拟[J].地质通报,33(4):497-502.

傅容珊,郑勇,常筱华,等,2001.地震层析成像板块构造及地幔演化动力学[J].地球物理学进展,16(4):85-95.

顾国华,王武星,占伟,等,2015.芦山 M_s7.0 地震前水平位移和同震水平位移研究[J].地震学报,37(1):53-64.

顾国华,张晶,2002.中国地壳观测网络基准站 GPS 观测的位移时间序列结果[J].大地测量与地球动力学,22(2):61-67.

胡明城,1994.跨世纪的大地测量[M].北京:国家测绘科技信息研究所.

黄立人,马青,郭良迁,等,1999a.华北部分地区水平变形的力学机制——三维有限单元计算和GPS 复测结果的分析[J].地壳学报,21(1):50-56.

黄立人,王敏,1999b.构造块体的相对运动和应变[J].地壳形变与地震,19(2):17-26.

黄立人,王敏,2000.中国大陆现今地壳水平运动[J].地震学报,22(3):257-262.

黄晓葛,白武明,胡健民,2003.斜长角闪岩弹性和流变性质的高温高压实验研究[J].中国科学(D 辑:地球科学),28(1):29-37.

纪建悦,于富洋,方胜民,2012.环渤海地区经济与海洋环境的耦合度研究[J].海洋环境科学,36(6):847-850.

江在森,刘经南,2010.应用最小二乘配置建立地壳运动速度场与应变场的方法[J].地球物理学报,53(5):1109-1117.

江在森,马宗晋,牛安福,等,2003a.GPS 技术应用于中国地壳运动研究的方法及初步结果[J].地学前缘,10(1):71-79.

江在森,马宗晋,张希,等,2003b.GPS 初步结果揭示的中国大陆水平应变场与构造变形[J].地球物理学报,46(3):352-358.

江在森,牛安福,王敏,等,2005.活动断裂带构造变形定量分析[J].地震学报,27(6):610-619.

江在森,杨国华,方颖,等,2007.利用 GPS 结果研究地壳运动分布动态及其与强震关系[J].国际地震动态(7):32-42.

金双根,朱文耀,2002.ITRF2000 参考架的评价及其探讨[J].武汉大学学报(信息科学版),27(6):598-603.

李冲,李建成,瞿伟,2012.基于移动原理的拟合推估模型建立区域地壳运动速率场[J].大地测量与地球动力学,32(5):33-36.

李火林,1997.数学模型及方法[M].南昌:江西高校出版社.

李强,游新兆,杨少敏,等,2012.中国大陆构造变形高精度大密度 GPS 监测——现今速度场[J].中国科学(地球科学),42(5):629-632.

李延兴,胡新康,帅平,2001a.中国大陆地壳水平运动统一速度场的建立与分析[J].地震学报,23(5):453-459.

李延兴,李金岭,张静华,等,2007a.弹性板块运动模型研究进展[J].地球物理学进展,22(4):1201-1208.

李延兴,马宗晋,张静华,等,2009.渤海盆地的现今扩张运动[J].地球物理学,52(6):1483-1489.

李延兴，徐杰，张静华，等，2007b. 渤海盆地及邻区现今构造运动的基本特征[J]. 大地测量与地球动力学，27(6)：1-8.

李延兴，杨国华，李智，等，2003. 中国大陆活动地块的运动与应变状态[J]. 中国科学：D辑 地球科学，33(S1)：65-81.

李延兴，杨国华，杨世东，等，2001b. 根据现代地壳垂直运动划分中国大陆活动地块边界的尝试[J]. 地震学报，23(1)：11-16.

李延兴，张静华，何建坤，等，2006a. 菲律宾海板块的整体旋转线性应变模型与板内形变-应变场[J]. 地球物理学报，49(5)：1339-1346.

李延兴，张静华，李智，等，2006b. 太平洋板块俯冲对中国大陆的影响[J]. 测绘学报，35(2)：99-105.

李玉江，陈连旺，陆远忠，等，2013. 汶川地震的发生对周围断层稳定性影响的数值模拟[J]. 地球科学(中国地质大学学报)，38(2)：398-410.

李志才，张鹏，金双根，等，2009. 基于 GPS 观测数据的汶川地震断层形变反演分析[J]. 测绘学报，37(2)：108-113.

刘经南，施闯，许才军，等，2001. 利用局域复测 GPS 网研究中国大陆块体现今地壳运动速度场[J]. 武汉大学学报(信息科学版)，26(3)：189-195.

刘经南，许才军，宋成骅，等，2000. 精密全球卫星定位系统多期复测研究青藏高原现今地壳运动与应变[J]. 科学通报，45(24)：2658-2663.

刘峡，傅容珊，杨国华，等，2006. 用 GPS 资料研究华北地区形变场和构造应力场[J]. 大地测量与地球动力学，26(3)：33-39.

刘峡，马瑾，傅容珊，等，2010. 华北地区现今地壳运动动力学初步研究[J]. 地球物理学报，53(6)：1418-1427.

刘峡，马瑾，占伟，等，2013. 汶川地震前后山西断陷带的地壳运动[J]. 大地测量与地球动力学，33(3)：5-10.

楼小挺，刁桂苓，叶国扬，等，2007. 帕米尔-兴都库什地区中源地震的空间分布和震源机制解特征[J]. 地球物理学报，50(5)：1448-1455.

卢秀山，冯遵德，2008. 观测结构的度量[J]. 武汉大学学报(信息科学版)，33(8)：831-833.

卢秀山，宁津生，冯尊德，等，2003a. 观测有效性的度量方法[J]. 武汉大学学报(信息科学版)，28(2)：144-148.

卢秀山，欧吉坤，宋淑丽，等，2003b. 度量观测方程系数矩阵复共线性的最小相对范数法[J]. 测绘通报(6)：11-13.

马杏垣，1992. 中国大陆构造论文集[M]. 北京：中国地质大学出版社.

马宗晋，陈鑫连，叶叔华，等，2001. 中国大陆区现今地壳运动的 GPS 研究[J]. 科学通报，46(13)：1118-1120.

牛之俊，2006. 用全球定位系统(GPS)研究中国大陆现今地壳运动模式[D]. 武汉：华中科技大学.

牛之俊，王敏，孙汉荣，等，2005. 中国大陆现今地壳运动速度场的最新观测结果[J]. 科学通报，50(8)：839-840.

潘雄,2004.半参数模型的估计理论及其应用[D].武汉:武汉大学.

任烨,刘佳敏,王军,2013.上海地区应变监测能力的有限元分析[J].大地测量与地球动力学,33(S2):9-11.

荣敏,孙付平,贾小林,等,2009.利用GPS基准站数据浅析我国地壳垂直运动[J].测绘工程,18(4):7-9.

石耀霖,朱守彪,2004.利用GPS观测资料划分现今地壳活动块体方法[J].大地测量与地球动力学,24(2):1-4.

史述昭,1989.弹性力学及有限元[M].武汉:水利电力出版社.

孙付平,宁津生,晁定波,等,1997.冰期后地壳回弹运动的空间大地测量检测[J].测绘学报,27(4):4-9.

孙付平,赵铭,1995a.现代板块运动的测量和研究:空间大地测量方法[J].天文学进展,13(2):132-142.

孙付平,赵铭,1995b.用VLBI和SLR实测数据解算现时板块运动参数的方法[J].中国科学院上海天文台年刊(16):7-13.

孙付平,赵铭,1998b.现代板块运动的测量和研究——地球物理方法[J].地球物理学展,13(1):1-12.

孙付平,赵铭,宁津生,等,1998a.基于VLBI、SLR和GPS实测数据的现时板块运动模型[J].解放军测绘学院学报,15(4):250-254.

孙海燕,吴云,2002.半参数回归与模型精化[J].武汉大学学报(信息科学版),27(2):172-176.

孙建宝,徐锡伟,石耀林,等,2007.东昆仑断裂玛尼段震间形变场的INSAR观测及断层滑动率初步估计[J].自然科学进展,17(10):1361-1370.

滕吉文,2003.地球深部物质和能量交换的动力过程与矿产资源的形成[J].大地构造与成矿学,27(1):3-21.

王辉,曹建玲,张怀,等,2007.川滇地区下地壳流动对上地壳运动变形影响的数值模拟[J].地震学报,29(6):581-591.

王辉,刘杰,石耀霖,等,2008.鲜水河断裂带强震相互作用的动力学模拟研究[J].中国科学:D辑地球科学,38(7):808-818.

王乐洋,许才军,2009.等式约束反演与联合反演的对比研究[J].大地测量与地球动力学,29(1):76-78.

王乐洋,朱建军,2008.附不等式约束的大地测量反演[J].大地测量与地球动力学,28(1):109-116.

王亮,周龙泉,焦明若,等,2014.海城盖州地区速度结构和震源位置的联合反演研究[J].地震,34(3):13-26.

王敏,2009.GPS观测结果的精化分析与中国大陆现今地壳形变场的研究[D].北京:中国地震局地质研究所.

王琪,牛之俊,石俊成,2003.中国地壳运动观测网络基本网观测精度研究[J].大地测量与地球动力学,23(3):9-13.

王琪,张培震,马宗晋,2002.中国大陆现今构造变形GPS观测数据与速度场[J].地学前缘,9(2):415-429.

王琪，张培震，牛之俊，等，2001. 中国大陆现今地壳运动和构造变形[J]. 中国科学：D辑 地球科学，31(7)：530-536.

王帅，张永志，牛玉芬，等，2015. 青藏高原北缘地应变演化特征[J]. 地球物理学进展，30(1)：57-60.

王振杰，2006. 测量中不适定问题的正则化解法[M]. 北京：科学出版社.

王振杰，卢秀山，2007. 利用半参数模型分离GPS基线中的系统误差[J]. 32(4)：316-318.

魏子卿，刘光明，吴富梅，2011. 2000中国大地坐标系：中国大陆速度场[J]. 测绘学报，40(4)：403-410.

温扬茂，许才军，2009. 联合GPS与重力资料反演分析川滇地区现今地壳形变[J]. 武汉大学学报(信息科学版)，34(5)：568-572.

吴爱弟，李文军，赵华刚，等，1998. 地幔对流的数值模拟方法[J]. 地学前缘，5(S1)：44-51.

许才军，2001. 大地测量联合反演理论和方法研究进展[J]. 武汉大学学报(信息科学版)，26(6)：555-561.

许才军，董立祥，李志才，2000a. 华北地区地壳形变的GPS及地震矩张量反演分析[J]. 武汉大学学报(信息科学版)，25(6)：471-475.

许才军，董立祥，施闯，等，2002a. 华北地区GPS地壳应变能密度变化率场及其构造运动分析[J]. 地球物理学报，45(4)：497-506.

许才军，李志才，王华，2002b. 华北地区活动地块运动时空变化特征[J]. 大地测量与地球动力学，22(2)：33-40.

许才军，刘经南，晁定波，等，2000b. 利用GPS复测资料研究华北地块旋转运动[J]. 武汉大学学报(信息科学版)，25(1)：74-78.

许才军，申文斌，晁定波，2006. 地球物理大地测量学原理与方法[M]. 武汉：武汉大学出版社.

许才军，王乐洋，2010. 大地测量和地震数据联合反演地震震源破裂过程研究进展[J]. 武汉大学学报(信息科学版)，35(4)：457-462.

许才军，张朝玉，2009. 地壳形变测量与数据处理[M]. 武汉：武汉大学出版社.

许忠淮，汪素云，俞言祥，1992. 根据观测的应力方向利用有限单元方法反演板块边界作用力[J]. 地震学报，14(4)：446-445.

杨少敏，李杰，王琪，2008. GPS研究天山现今变形与断层活动[J]. 中国科学：D辑 地球科学，38(7)：872-880.

杨元喜，曾安敏，2008. 大地测量数据融合模式及其分析[J]. 武汉大学学报(信息科学版)，33(8)：771-774.

姚姚，2002. 地球物理反演基本理论与应用方法[M]. 武汉：中国地质大学出版社.

叶叔华，朱文耀，1997. 运动的地球现代地壳运动和地球动力学研究及应用[M]. 长沙：湖南科学技术出版社.

叶正仁，王建，2003. 上地幔变黏度小尺度对流的数值研究[J]. 地球物理学报，46(3)：335-339.

张东宁，袁松涌，沈正康，2007. 青藏高原现代地壳运动与活动断裂带关系的模拟实验[J]. 地球物理学报，50(1)：153-162.

张静华，李延兴，郭良迁，等，2004. 用GPS测量结果研究华北现今构造形变场[J]. 大地测量与地球动力学，24(3)：40-46.

张俊，独知行，杜宁，等，2015. 非线性模型的补偿最小二乘估计[J]. 大地测量与地球动力学，35(1):122-125.

张俊，独知行，张显云，2014. 测量平差双光滑参数解算半参数模型的研究[J]. 测绘科学，39(5):96-98.

张勤，张菊清，岳东杰，等，2011. 近代测量数据处理与应用[M]. 北京:测绘出版社.

张希，江在森，1999a. 对华北 GPS 监测区近期地壳应变连续分布的估计[J]. 地震学刊 (2):17-22.

张希，江在森，1999b. 用最小二乘配置获得地形应变场动态图像的几个研究[J]. 地壳形变与地震，19(3):33-39.

张希，江在森，2001a. 利用多种地形变资料联合求解华北地区水平应变场[J]. 地壳形变与地震，21(3):44-48.

张希，江在森，2001b. 考虑区域构造特征的最小二乘配置方法初步研究[J]. 中国地震，17(4):403-407.

张希，江在森，张四新，1998. 借助最小二乘配置整体解算地壳视应变场[J]. 地壳形变与地震，18(2):57-62.

张跃刚，胡新康，2005. 华北地区块体及其边界的相对运动[J]. 大地测量与地球动力学，25(1):47-50.

赵国强，苏小宁，2014. 基于 GPS 获得的中国大陆现今地壳运动速度场[J]. 地震，34(1):97-103.

赵丽华，杨元喜，2009. 综合地球物理信息与几何观测量的地壳形变分析方法[J]. 武汉大学学报(信息科学版)，34(9):1090-1093.

赵少荣，1995. 利用大地测量资料反演的 1976 年唐山地震双断层位错模式[J]. 测绘学报，24(4):250-258.

赵少荣，陶本藻，于正林，1992. 论变形测量数据的反演[J]. 测绘学报，21(3):161-172.

郑作亚，韩晓冬，黄珹，等，2004. GPS 基线向量的非线性解算及精度分析[J]. 测绘学报，33(1):27-32.

周硕愚，吴云，李正媛，等，2004. 形变大地测量学的进展、问题与地震预报[J]. 大地测量与地球动力学，24(4):95-101.

周硕愚，吴云，姚运生，等，2008. 地震大地测量学研究[J]. 大地测量与地球动力学，28(6):77-82.

朱守彪，蔡永恩，2006a. 利用 GPS 观测的时间序列资料反演地壳地幔黏性结构[J]. 地球物理学报，49(3):771-777.

朱守彪，蔡永恩，2009a. 强震后地表变形的动力学机制研究——以 1999 年台湾集集地震为例[J]. 中国科学:D 辑 地球科学，39(9):1209-1219.

朱守彪，蔡永恩，刘杰，等，2006b. 利用三维细胞自动机模拟地震活动性[J]. 北京大学学报(自然科学版)，42(2):206-210.

朱守彪，张培震，2009b. 2008 年汶川 Ms8.0 地震发生过程的动力学机制研究[J]. 地球物理学报，52(2):418-427.

朱文耀，程宗颐，王小亚，等，1999. 中国大陆地壳运动的背景场[J]. 科学通报，44(1):1537-1540.

朱文耀，王小亚，程宗颐，等，2000. 利用 GPS 技术监测中国大陆地壳运动的初步结果[J]. 中国科学:D 辑 地球科学，30(4):394-400.

朱文耀，张华，冯初刚，1990. 利用 SLR 技术实测当今全球板块运动参数[J]. 中国科学(A 辑)，20(6):632-642.

ALTAMIMI Z, COLLILIEUX X, METIVIER L, 2011. ITRF2008: an improved solution of the international terrestrial reference frame[J]. Journal of Geodesy, 85(8):457-473.

ARGUS D F, GORDON R G, 1991. Gordon R G. No-net-rotation model of current plate velocities incorporating plate motion model NUVEL-1[J]. Geophysical Research Letters, 18 (11): 2039-2042.

ARGUS D F, HEFLIU M B, 1995. Plate motion and crustal deformation estimated with geodetic data from the Global Positioning System [J]. Geophysieal Researeh Letters, 22 (15): 1973-1976.

BURBIDGE D R, 2004. Thin plate neotectonic models of the Australian plate[J]. Journal of Geophysical Research Atmospheres, 109 (B10):67-85.

CHASE C G, 1972. The N plate problem of plate techtonics [J]. Geophysical Journal International, 29(2):117-122.

DEMETS C, GORDON R G, ARGUS D F, 1988. Intraplate deformation and closure of the Australia-Antarctica-Africa plate circuit [J]. Journal of Geophysical Research Atmospheres, 93(B10):11877-11897.

DEMETS C, GORDON R G, ARGUS D F, et al, 1990. Current plate motions[J]. Geophysical Journal International, 101(2):424-478.

DREWS H, 1982. A geodetic approach for the recovery of global kinematic plate parameters[J]. Journal of Geodesy, 56(1):70-79.

DREWS H, 1998. Combination of VLBI, SLR and GPS determined station velocities for actual plate kinematic and crustal deformation models[C]. Geodesy on the Moves, IAG Symposia, 119:377-382.

FLESCH L M, HOLT W E, HAINES A J, et al, 2000. Dynamics of the Pacific-North American plate boundary in the Western United States[J]. Science, 287(5454): 834-836.

GRIPP A E, GORDON R G, 1990. Current plate velocities relative to the hotspots incorporating the NUVEL-1 global plate motion model[J]. Geophysical Research Letters, 17(8):1109-1112.

GUO Jinyun, YUAN Yongdong, KONG Qiaoli, et al, 2012. Deformation caused by the 2011 eastern Japan great earthquake monitored using the GPS single-epoch precise point positioning technique[J]. Applied Geophysics, 9(4):483-493.

HAINES A J, HOLT W E, 1993. A procedure for obtaining the complete horizontal motions within zones of distributed deformation from the inversion of strain rate data [J]. Journal of Geophysical Research(98):12057-12082.

HEARN E H, 2003. What can GPS data tell us about the dynamics of post-seismic deformation [J]. Geophysical Journal International, 155(3): 753-777.

HOLT W E, CHAMOT-ROOKE N, LE PICHON X, et al, 2000. Velocity field in Asia inferred from quatemary fault slip rates and GPS observations[J]. Journal of Geophysical Research:

Solid Earth, 105(B8):19185-19209.

HOLT W E , LI M, HAINES A J, 1995. Earthquake strain rates and instantaneous relative motions within central and Eastern Asia[J]. Geophysical Journal International, 122(2): 569-593.

KREEMER C, HAINES J, HOLT W E, et al, 2000. On the determination of a global strain rate model [J]. Earth,Planets and Space, 52(10):765-770.

LARSON K M, 1990. Evaluation of GPS estimators of relative positions from central California of 1986—1988[J]. Geophysics Research Letters,17(13):2346-2436.

LARSON K M, AGNEW D C, 1991. Application of the Global Positioning System to crustal deformation measurements,PartI:precision and accuracy[J]. Journal of Geophysical Researeh Atmospheres, 96(B10):16547-16566.

LE PICHON X, 1968. Sea-floor spreading and continental drift [J]. Journal of Geophysical Research,73(12), 3661-3697.

MCKENZIE D P, PARKER R L, 1967. The North Pacific: an example of tectonics on a sphere [J]. Nature, 216(5122):1276-1280.

MINSTER B, JORDAN T, 1978. Present day plate motions [J]. Journal of Geophysical Research, 83(B11):5331-5356.

MORGAN W J ,1968. Rises, trenches, great faults, and crustal blocks[J]. Journal of Geophysical Research, 73(6):1959-1982.

MORGAN W J ,1972a. Plate motions and deep mantle convection[J]. Nature,132(11):7-22.

MORGAN W J,1972b. Deep mantle convection plumes and plate motions[J]. Aapg Bulletin, 56(2):203-213.

NANJO K Z,TURCOTTE D L,SHCHERBAKOV R, 2005. A model of damage mechanics for the deformation of the continental crust[J]. Journal of Geophysical Research, 110 (B07): 177-178.

OKADA Y,1986. Surface deformation due to shear and tensile faults in a half-space, Bulletin of the Seismological Society of America[J]. International Journal of Rock Mechanics and Mining Sciences and Geomechanics Abstracts, 23(4):128.

VYSKOCIL P, REIGBER C, CROSS P A, 1990. Global and region geodynamics[M]. New York:Springer-Verlag.

WANG Qi,ZHANG Peizhen,FREYMUELLER J T, et al, 2001. Present-day crustal deformation in China constrained by Global Positioning System measurements[J]. Science, 294(5542): 576-577.

WARD S N, 1990. North America-Pacific plate motion:New results from very long baseline interferometry[J]. Journal of Geophysical Researeh Atmospheres,95(B13): 21965 -21981.

YOICHIRO FUJII, 1996a. Estimation of continuous distribution of earth's strain in the Kanto Tokai district,Central Japan with the aid of least square predication[R]. An Advanced Lecture on Geodesy in China,Xi'an.

YOICHIRO Fujii,1996b. Estimation of continuous distribution of rate of vertical crustal movement in the Tokai district with the aid of least square prediction[M]. An Advanced Lecture on Geodesy in China,Xi'an.

附　录

附表 1　华北地区半参数模型计算结果与实际运动结果的差异　　单位:mm/a

点名	经度/(°)	纬度/(°)	东西向速度	南北向速度	计算东西向	计算南北向	东西向差异	南北向差异
AZUO	105.669	38.808	32.946	−10.397	32.818	−10.780	0.127	0.383
BEID	119.473	39.825	29.587	−13.652	29.921	−13.508	−0.334	−0.143
BJSH	116.223	40.250	31.195	−12.564	30.726	−12.969	0.468	0.405
BJFS	115.892	39.608	30.975	−14.127	30.572	−13.487	0.402	−0.639
BXIN	108.086	35.058	31.715	−11.749	31.901	−11.875	−0.186	0.126
CHAN	125.444	43.790	25.196	−14.176	26.082	−14.422	−0.886	0.246
CZHI	113.180	36.226	31.245	−14.114	30.713	−12.910	0.531	−1.203
DLIA	121.740	39.091	28.381	−11.495	28.349	−12.869	0.031	1.374
DONG	109.963	39.869	30.209	−11.284	30.184	−11.246	0.024	−0.037
GI02	108.518	41.510	28.732	−11.246	29.833	−11.306	−1.101	0.060
GI71	109.527	38.302	32.145	−12.143	31.498	−12.086	0.646	−0.056
GI72	112.661	37.714	30.918	−13.610	31.386	−13.111	−0.468	−0.498
GI74	113.372	37.082	33.515	−14.010	32.328	−13.013	1.186	−0.996
GI78	114.352	38.036	32.215	−9.302	31.346	−11.592	0.868	2.290
GI84	121.235	38.920	27.202	−17.130	28.072	−14.180	−0.870	−2.949
HB03	108.400	41.029	29.295	−8.397	29.406	−9.405	−0.111	1.008
HB04	109.965	41.755	27.256	−8.028	28.485	−8.596	−1.229	0.568
HB06	110.034	40.656	30.337	−7.826	29.854	−8.304	0.482	0.478
HB07	111.446	40.753	30.417	−9.395	30.079	−8.869	0.337	−0.525
HB08	111.708	41.515	29.499	−7.704	29.915	−8.499	−0.416	0.795
HB10	113.031	39.508	30.810	−9.861	30.699	−9.470	0.110	−0.390
HB11	131.178	41.100	27.431	−12.701	27.114	−12.261	0.316	−0.439
HB12	131.251	38.705	28.344	−10.611	27.730	−11.913	0.613	1.302
HB13	113.314	40.224	30.165	−11.702	30.185	−10.510	−0.020	−1.191
HB14	113.415	40.645	28.717	−8.677	29.311	−10.235	−0.594	1.558
HB15	113.657	39.055	29.234	−13.261	29.620	−12.118	−0.386	−1.142
HB16	113.772	39.771	30.457	−13.671	29.980	−12.394	0.476	−1.276
HB17	113.988	41.104	29.096	−9.843	29.546	−10.979	−0.450	1.136
HB18	114.179	38.841	30.743	−11.506	30.481	−11.182	0.261	−0.323
HB19	114.226	39.424	30.449	−10.852	30.492	−10.844	−0.043	−0.007
HB20	114.294	40.423	30.850	−10.212	30.462	−10.490	0.387	0.278

续表

点名	经度/(°)	纬度/(°)	东西向速度	南北向速度	计算东西向	计算南北向	东西向差异	南北向差异
HB21	114.633	40.215	30.307	−10.535	30.120	−10.593	0.186	0.058
HB22	114.728	39.907	28.750	−10.576	29.595	−10.736	−0.845	0.160
HB23	114.741	39.334	31.324	−12.085	30.258	−11.090	1.065	−0.994
HB24	114.751	40.872	28.132	−9.116	29.054	−10.061	−0.922	0.945
HB25	114.927	40.669	28.926	−9.778	29.414	−10.374	−0.488	0.596
HB26	115.055	38.902	31.813	−10.792	30.759	−11.520	1.053	0.728
HB27	115.400	39.728	30.877	−15.166	30.116	−13.591	0.760	−1.574
HB28	115.467	40.351	27.954	−14.310	28.551	−13.535	−0.597	−0.774
HB29	115.530	40.207	27.031	−11.105	27.941	−12.479	−0.910	1.374
HB30	115.616	39.473	29.515	−14.361	28.656	−13.269	0.858	−1.091
HB31	115.681	40.365	27.053	−12.387	27.883	−12.562	−0.830	0.175
HB32	115.817	39.650	28.764	−12.007	28.543	−12.152	0.220	0.145
HB34	115.845	40.869	27.355	−10.955	28.507	−11.859	−1.152	0.904
HB35	115.871	38.598	32.206	−15.122	30.747	−12.877	1.458	−2.244
HB36	115.938	39.047	31.462	−9.125	30.466	−10.843	0.995	1.718
HB37	115.945	40.472	26.384	−10.603	28.660	−11.050	−2.276	0.447
HB38	115.965	39.452	32.403	−12.993	30.394	−11.932	2.008	−1.060
HB40	116.040	39.785	29.130	−11.027	29.160	−11.378	−0.030	0.351
HB41	116.117	39.604	26.820	−11.611	28.073	−11.309	−1.253	−0.301
HB42	116.161	39.861	28.311	−10.037	28.556	−10.823	−0.245	0.786
HB43	116.244	40.195	28.546	−11.653	29.336	−11.388	−0.790	−0.264
HB44	116.482	39.137	33.360	−12.860	31.430	−11.676	1.929	−1.183
HB45	116.593	38.699	30.031	−7.729	30.854	−10.357	−0.823	2.628
HB46	116.622	40.729	28.912	−14.567	30.851	−12.435	−1.939	−2.131
HB47	116.662	39.520	38.909	−11.738	34.119	−11.793	4.789	0.055
HB48	116.944	40.437	27.910	−11.430	30.521	−11.203	−2.611	−0.226
HB49	116.796	39.939	31.416	−8.435	30.776	−10.287	0.639	1.852
HB52	117.324	39.670	30.959	−13.301	29.998	−11.937	0.960	−1.363
HB54	117.561	10.472	27.139	−11.419	30.271	−12.645	−3.132	1.226
HB55	117.793	34.481	32.958	−13.936	31.040	−13.303	1.917	−0.632
HB57	117.860	39.359	30.188	−15.039	29.679	−13.701	0.508	−1.337
HB58	117.913	40.960	26.118	−11.126	28.229	−12.431	−2.111	1.305
HB59	117.970	37.482	32.395	−11.836	30.675	−13.055	1.719	1.219
HB61	118.186	35.099	30.640	−18.628	30.512	−15.291	0.127	−3.336
HB62	118.246	40.189	27.259	−11.481	28.739	−12.844	−1.480	1.363
HB64	118.480	35.836	31.350	−11.911	30.801	−12.534	0.548	0.623

续表

点名	经度/(°)	纬度/(°)	东西向速度	南北向速度	计算东西向	计算南北向	东西向差异	南北向差异
HB65	118.637	34.486	31.955	−12.670	31.500	−12.946	0.454	0.276
HB66	118.700	39.545	31.821	−14.980	30.381	−13.509	1.439	−1.470
HB68	118.914	40.416	27.792	−11.790	28.116	−12.283	−0.324	0.493
HB69	119.330	39.695	24.344	−10.408	26.594	−11.797	−2.250	1.389
HB71	119.773	40.754	28.809	−14.067	27.645	−13.104	1.163	−0.962
HB72	119.829	40.083	26.871	−13.217	27.621	−13.130	−0.750	−0.086
HB74	120.707	37.786	29.289	−12.581	28.771	−13.225	0.517	0.644
HB75	120.725	37.936	30.005	−14.479	28.871	−13.966	1.133	−0.512
HB76	121.599	42.053	24.389	−14.056	26.386	−14.034	−1.997	−0.021
HB78	122.160	37.384	29.269	−14.354	28.610	−14.308	0.658	−0.045
HLAR	119.711	49.270	27.377	−14.680	26.470	−13.537	0.906	−1.142
JAGD	124.102	50.390	23.118	−11.430	24.342	−12.628	−1.224	1.198
JIXN	117.530	40.076	30.133	−11.764	29.343	−12.006	0.789	0.242
QDAO	120.426	36.052	30.637	−12.257	29.382	−12.990	1.254	0.733
SHUA	131.170	46.650	23.386	−18.089	22.572	−15.448	0.813	−2.640
SUIH	126.968	46.650	16.016	−9.684	20.546	−12.812	−4.530	3.128
SUIY	130.908	44.433	25.009	−16.705	23.328	−15.372	1.680	−1.332
TAEJ	127.366	36.374	27.057	−15.367	26.895	−15.460	0.161	0.093
SUWN	127.054	37.275	27.443	−16.174	27.337	−15.770	0.105	−0.403
UHOT	122.171	46.062	27.731	−14.692	26.588	−14.659	1.142	−0.032
XHOT	116.103	43.902	25.617	−12.784	27.335	−13.560	−1.718	0.776
XIAX	109.221	34.368	32.766	−14.652	31.700	−13.425	1.065	−1.226
XIXX	111.029	38.187	29.986	−12.618	30.516	−12.874	−0.530	0.256
YANC	107.437	37.778	32.187	−12.374	31.688	−11.737	0.498	−0.636
YAXI	129.488	43.003	26.220	−13.119	26.004	−13.876	0.215	0.757
ZHZH	113.104	34.520	30.005	−11.178	30.601	−11.382	−0.596	0.204

附表 2　华南地区半参数模型计算结果与实际运动结果差异　　单位：mm/a

点名	经度/(°)	纬度/(°)	东向速度	北向速度	计算东西向	计算南北向	东西向差异	南北向差异
BADX	110.349	31.048	35.123	−13.784	35.124	−13.328	−0.001	−0.455
DEHU	118.211	25.490	35.040	−13.063	34.081	−13.987	0.958	0.924
DSHA	117.426	23.708	32.619	−15.917	32.477	−14.174	0.141	−1.742
F010	117.018	30.583	29.954	−10.735	32.187	−12.974	−2.233	2.239
F012	118.643	28.733	34.930	−15.146	33.393	−14.347	1.536	−0.798

续表

点名	经度/(°)	纬度/(°)	东向速度	北向速度	计算东西向	计算南北向	东西向差异	南北向差异
F028	115.631	22.975	31.414	−13.011	31.849	−13.242	−0.435	0.231
F033	113.168	29.385	32.109	−14.193	33.139	−13.703	−1.030	−0.489
F048	110.941	21.899	33.473	−12.837	32.995	−12.243	0.477	−0.593
F055	109.048	32.693	37.391	−10.978	35.931	−11.741	1.459	0.763
GUAN	113.341	23.165	31.485	−11.486	32.989	−11.948	−1.504	0.462
GUFU	110.717	31.341	36.312	−12.933	35.410	−12.678	0.901	−0.254
GUIY	106.690	26.723	34.378	−12.153	34.207	−11.489	0.170	−0.663
GUTI	118.740	26.575	32.974	−12.254	33.597	−13.805	−0.623	1.551
GUIL	110.306	25.186	34.445	−15.269	33.611	−13.140	0.833	−2.128
GYAN	106.665	26.414	32.989	−9.505	32.992	−10.938	−0.003	1.433
JEAN	115.046	27.059	31.420	−14.377	32.313	−13.632	−0.893	−0.744
LISH	119.034	31.653	32.467	−14.013	33.231	−14.531	−0.764	0.518
LLZH	105.413	28.872	34.871	−11.420	34.375	−11.116	0.495	−0.303
MIXN	106.680	33.115	35.580	−10.869	35.837	−11.653	−0.257	0.784
NACH	106.090	30.797	38.026	−13.285	36.508	−12.151	1.517	−1.133
NANP	118.166	26.632	34.160	−14.223	34.720	−14.109	−0.560	−0.113
NGHO	106.034	30.804	34.597	−9.790	35.340	−10.696	−0.743	0.906
PUTI	119.148	25.100	36.398	−14.848	35.002	−13.780	1.395	−1.067
PXIN	106.830	22.106	32.799	−8.865	33.116	−9.534	−0.317	0.669
QION	109.845	19.029	30.532	−8.988	31.725	−9.900	−1.193	0.912
QUAN	118.595	24.775	35.597	−13.854	34.156	−13.573	1.440	−0.280
SHAO	121.200	31.099	32.405	−15.809	34.038	−15.471	−1.633	−0.337
TAIW	121.536	25.021	36.283	−13.985	34.384	−15.185	1.898	1.200
TG27	110.328	30.634	33.725	−16.087	34.164	−14.986	−0.439	−1.100
WENZ	120.779	27.971	31.901	−18.478	32.796	−17.563	−0.895	−0.914
WUHN	111.357	30.531	34.658	−14.215	33.846	−14.801	0.811	0.586
XIAM	118.082	24.149	32.375	−15.916	32.022	−15.731	0.352	−0.184
YICH	111.312	30.786	30.973	−14.913	32.173	−14.468	−1.200	−0.444
YDAO	112.335	16.834	28.720	−12.196	29.520	−12.536	−0.800	0.340
YDIN	116.717	24.725	34.240	−13.534	33.120	−13.865	1.119	0.331

附表 3 祁连山地区半参数模型计算结果与实际运动结果差异 单位:mm/a

点名	经度/(°)	纬度/(°)	东向速度	北向速度	计算东西向	计算南北向	东西向差异	南北向差异
ANXT	95.800	40.513	30.439	−3.269	29.673	−3.291	0.765	0.022

续表

点名	经度/(°)	纬度/(°)	东向速度	北向速度	计算东西向	计算南北向	东西向差异	南北向差异
BAIY	104.354	36.603	34.256	−10.661	35.542	−10.03	−1.286	−0.627
CHMA	96.747	39.902	29.880	−3.960	30.351	−3.145	−0.471	−0.814
DACA	95.376	37.833	35.609	1.043	34.246	0.132	1.362	0.910
DELI	97.729	37.377	35.064	−0.596	34.798	−1.073	0.265	0.477
DENG	107.053	40.263	29.671	−8.305	31.557	−8.721	−1.886	0.416
DLHA	97.377	37.380	36.394	−0.751	35.543	−1.178	0.850	0.427
DUNH	94.758	40.156	32.695	−0.427	31.824	−0.374	0.870	−0.052
DXIX	100.200	40.983	30.534	−6.439	30.968	−5.794	−0.434	−0.644
ERBO	100.930	37.961	37.289	−7.410	35.238	−6.313	2.050	−1.096
ERTU	108.014	39.257	30.231	−8.968	31.883	−10.77	−1.652	1.809
GAXY	105.312	36.656	32.971	−9.973	34.469	−9.633	−1.498	−0.339
GAOT	99.814	39.409	31.550	−6.208	31.102	−5.842	0.447	−0.365
GULA	102.844	37.438	35.593	−8.967	35.167	−8.351	0.425	−0.615
HAER	100.482	37.217	37.320	−5.631	35.294	−5.692	2.025	0.061
HAPI	89.968	38.391	27.556	4.148	29.365	3.545	−1.809	0.602
HATU	90.906	38.284	29.208	3.500	29.638	2.581	−0.430	0.918
HEXT	102.102	38.392	31.750	−8.726	32.017	−8.113	−0.267	−0.612
HONG	101.152	38.935	33.074	−9.284	31.983	−7.970	1.090	−1.313
JIUQ	98.496	39.758	30.351	−3.953	29.824	−4.736	0.526	0.783
KLSA	89.904	38.409	28.613	3.896	28.880	2.604	−0.267	1.291
KCMC	89.140	38.849	23.843	1.456	27.247	1.543	−3.404	−0.087
LEHU	93.412	38.808	36.314	−7.052	31.676	−3.491	4.637	−3.560
LOBU	88.265	39.445	24.890	5.079	27.359	3.870	−2.469	1.208
MANG	91.821	37.887	32.432	5.021	30.820	2.804	1.611	2.216
MILA	88.898	39.241	24.844	3.177	27.073	3.681	−2.229	−0.504
MINL	100.830	38.414	34.151	−6.573	31.861	−6.706	2.289	0.133
MINQ	103.113	38.615	28.796	−11.396	30.495	−9.416	−1.699	−1.979
MULI	90.418	38.376	31.022	5.274	29.333	2.881	1.688	2.392
NICE	89.630	38.468	23.900	2.084	27.594	2.143	−3.694	−0.059
QILI	100.236	38.190	35.566	−7.458	33.294	−7.923	2.271	0.465
QIMO	85.538	38.080	30.999	−0.931	31.190	2.431	−0.191	−3.362
QING	101.425	37.478	37.318	−7.491	35.561	−8.247	1.756	0.756
RUOQ	88.153	39.029	28.412	4.881	29.415	4.115	−1.003	0.765
SUBE	94.856	39.514	29.784	−1.526	29.617	−0.966	0.166	−0.559
TERR	90.084	38.391	30.584	6.102	29.729	4.404	0.854	1.697
TWEI	105.378	35.141	33.233	−9.745	35.240	−9.160	−2.007	−0.584

续表

点名	经度/(°)	纬度/(°)	东向速度	北向速度	计算东西向	计算南北向	东西向差异	南北向差异
WUWE	102.652	37.885	32.756	−8.691	31.951	−7.177	0.804	−1.513
XILI	105.383	39.070	29.320	−5.838	30.679	−7.648	−1.359	1.810
XINI	101.654	36.660	36.416	−5.469	35.066	−5.108	1.349	−0.360
XNIN	101.774	36.600	33.848	−4.094	35.087	−5.338	−1.239	1.244
XORK	90.981	38.588	33.581	−0.250	31.999	1.680	1.581	−1.930
YIEN	99.564	38.444	33.977	−5.042	33.188	−4.627	0.788	−0.414
YING	105.996	38.385	30.758	−6.440	32.808	−8.567	−2.050	2.127
YUME	97.011	40.284	30.881	−2.661	29.761	−2.881	1.119	0.220
ZHAN	100.448	38.926	31.586	−8.697	31.878	−7.346	−0.292	−1.350

附表4 天山地区半参数模型计算结果与实际运动结果差异 单位:mm/a

点名	经度/(°)	纬度/(°)	东向速度	北向速度	计算东西向	计算南北向	东西向差异	南北向差异
AKME	76.981	36.846	20.575	19.785	23.425	20.884	−2.8509	−1.099
AKQI	78.151	40.941	28.364	13.170	28.355	10.966	0.0088	2.203
AKSU	80.238	41.143	34.593	8.198	32.164	8.651	2.4289	−0.453
AKTA	78.966	39.877	33.770	10.751	32.241	11.455	1.5284	−0.704
AKTO	75.898	39.195	30.568	12.378	30.410	13.825	0.1572	−1.447
ALTA	88.134	47.855	29.501	−8.310	31.821	−10.112	−2.3201	1.802
ARAL	81.325	40.610	31.302	10.858	30.878	10.605	0.4239	0.252
AWAT	80.392	40.642	31.158	9.591	31.622	9.946	−0.4643	−0.355
BACH	78.540	39.776	35.447	11.896	32.633	12.325	2.8139	−0.429
BULU	74.950	38.662	28.164	18.860	29.852	16.157	−1.6880	2.702
CHUM	74.751	42.998	29.774	−2.693	30.960	1.279	−1.1861	−3.972
GAZE	75.478	38.852	33.148	19.426	31.343	14.283	1.8049	5.142
HAMI	93.626	42.810	33.789	−9.506	32.421	−4.391	1.3677	−5.114
HOTA	79.925	37.120	25.777	13.949	27.653	15.508	−1.8760	−1.559
JIAS	76.734	39.496	25.842	16.503	27.988	13.370	−2.1466	3.132
KALA	78.036	39.713	31.361	11.553	30.671	12.424	0.6891	−0.871
KALP	79.035	40.503	34.237	10.634	32.619	11.071	1.6174	−0.437
KARA	80.781	41.379	32.431	11.304	32.572	9.907	−0.1414	1.396
KASH	75.919	39.516	31.964	17.100	31.485	15.473	0.4783	1.626
KELI	77.905	37.258	29.006	16.304	30.099	18.965	−1.0931	−2.661
KEZI	82.446	41.790	32.729	7.042	32.273	6.935	0.4559	0.106
KIZI	76.162	38.665	31.494	19.397	30.943	17.358	0.5505	2.038

续表

点名	经度/(°)	纬度/(°)	东向速度	北向速度	计算东西向	计算南北向	东西向差异	南北向差异
KOKY	77.175	37.395	31.000	16.957	29.894	18.969	1.1052	−2.012
KORG	80.884	44.120	27.310	2.233	29.921	0.949	−2.6111	1.283
KORL	86.169	41.707	32.134	5.400	30.709	5.832	1.4248	−0.432
KOSR	76.690	37.861	26.858	17.791	28.428	17.677	−1.5705	0.113
KUMT	78.190	41.863	35.024	5.554	31.060	6.223	3.9634	−0.669
KUNJ	75.416	36.850	22.374	18.396	25.725	20.738	−3.3516	−2.342
KUYT	84.946	44.385	29.360	5.490	29.065	2.122	0.2947	3.367
MARK	77.623	38.903	28.173	17.703	27.301	17.514	0.8712	0.188
MAZA	77.005	36.577	24.364	21.807	25.647	22.869	−1.2832	−1.062
MUJI	74.426	39.023	27.318	17.624	26.947	16.907	0.3705	0.716
NANA	84.294	43.268	28.253	4.479	29.047	3.128	−0.7940	1.350
PISH	78.246	37.558	29.819	16.234	28.305	17.377	1.5139	−1.143
POL2	74.694	42.679	27.590	1.742	28.844	3.150	−1.2544	−1.408
QIAE	76.026	38.340	29.200	16.801	28.689	15.618	0.5101	1.182
QIAK	75.404	40.094	29.372	9.180	29.444	10.363	−0.0726	−1.183
QIQI	76.977	40.844	31.167	8.427	30.157	9.002	1.0098	−0.575
SANC	78.436	39.950	28.912	14.475	29.100	12.846	−0.1883	1.628
SHAC	77.247	38.411	26.792	18.901	27.901	16.780	−1.1092	2.120
SHAS	75.315	42.620	31.063	0.124	29.679	2.535	1.3830	−2.411
SUMX	73.997	44.208	28.083	−3.135	28.937	−1.615	−0.8549	−1.519
SUGU	76.512	39.806	28.103	14.438	28.068	11.790	0.0349	2.647
TALA	72.210	42.445	28.953	0.389	28.435	3.789	0.5178	−3.400
TAXK	75.210	37.846	24.924	21.078	26.792	18.623	−1.8688	2.454
TURG	75.388	40.516	29.539	10.232	29.324	11.068	0.2147	−0.836
ULUG	74.336	39.841	31.607	13.061	30.523	13.818	1.0837	−0.757
BRUM	87.705	43.813	31.060	3.381	32.518	2.445	−1.4586	0.935
WUPA	75.509	39.311	34.844	19.843	32.502	17.355	2.3417	2.487
WUQI	75.250	39.718	31.814	11.353	31.564	13.663	0.2493	−2.310
WUQO	75.124	39.697	28.779	14.233	30.196	14.051	−1.4173	0.181
WUSO	79.213	41.201	31.117	10.927	31.366	9.416	−0.2493	1.510
XYUA	83.256	43.397	31.567	0.361	32.984	0.886	−1.4179	−0.525
YENG	76.174	38.935	37.456	11.524	33.842	13.029	3.6132	−1.505
ZEPU	77.277	38.173	30.080	16.257	31.660	15.674	−1.5803	0.582

附表 5 川滇地区半参数模型计算结果与实际运动结果差异 单位:mm/a

点名	经度/(°)	纬度/(°)	东向速度	北向速度	计算东西向	计算南北向	东西向差异	南北向差异
BAOS	99.159	25.099	26.855	−15.049	27.073	−14.942	−0.218	−0.106
BARK	102.306	31.705	35.851	−8.552	37.8424	−10.387	−1.991	1.835
BATA	99.107	30.010	37.379	−13.394	38.5278	−14.805	−1.148	1.411
BINC	100.588	25.950	38.823	−22.160	35.286	−19.269	3.536	−2.890
CHUX	101.482	25.077	36.841	−20.388	33.3287	−19.255	3.512	−1.132
DALI	100.254	25.608	27.300	−18.352	30.057	−18.624	−2.757	0.272
DAOF	101.139	30.990	33.765	−13.718	37.918	−15.215	−4.153	1.497
DAYA	101.271	25.738	37.336	−17.934	32.840	−18.085	4.495	0.151
DINA	99.889	26.461	33.231	−23.807	32.893	−19.805	0.337	−4.001
F081	104.272	23.353	24.380	−12.143	24.397	−14.492	−0.017	2.349
H032	104.571	32.405	35.990	−9.280	37.832	−10.383	−1.842	1.103
H043	104.781	31.486	36.308	−10.324	36.5571	−11.061	−0.249	0.737
H045	103.611	31.474	31.808	−11.805	37.488	−13.107	−5.680	1.302
H080	100.120	29.175	51.181	−21.156	42.104	−18.889	9.076	−2.266
H116	101.748	26.503	30.082	−20.921	33.571	−19.154	−3.489	−1.766
H127	102.940	25.798	35.005	−17.020	32.780	−16.732	2.224	−0.287
H158	101.684	23.433	25.544	−17.119	26.990	−16.075	−1.446	−1.043
H160	100.895	23.867	27.929	−10.083	27.738	−12.829	0.190	2.746
H162	100.089	23.881	22.550	−12.505	27.519	−13.101	−4.969	0.596
H165	103.283	23.712	34.270	−12.746	32.061	−11.653	2.208	−1.092
H167	102.401	22.996	36.353	−10.546	33.963	−11.642	2.389	1.096
H176	101.349	21.887	29.917	−12.481	32.277	−13.233	−2.360	0.752
H184	99.667	30.294	52.488	−15.593	50.200	−12.452	2.287	−3.140
H186	98.598	29.671	50.403	−5.814	49.521	−10.878	0.881	5.064
H187	98.687	29.244	51.266	−17.948	47.805	−14.774	3.460	−3.173
H192	99.708	27.829	37.900	−14.954	39.932	−14.646	−2.031	−0.307
H196	99.293	27.179	36.349	−17.836	36.205	−14.660	0.143	−3.175
H203	98.814	25.986	31.175	−10.059	31.369	−11.051	−0.194	0.992
H218	97.856	24.013	21.876	−5.063	25.493	−9.272	−3.616	4.209
H223	99.259	23.135	24.317	−9.206	25.388	−10.743	−1.071	1.537
GANZ	100.020	31.613	47.903	−11.281	42.915	−10.847	4.987	−0.433
JIAC	99.937	26.617	28.914	−19.757	31.405	−16.172	−2.490	−3.584
JIND	100.914	24.283	28.718	−13.577	27.131	−15.425	1.586	1.848
JIUL	101.511	28.995	30.759	−17.093	33.229	−14.514	−2.469	−2.578
JZAI	103.889	33.276	38.809	−5.790	40.882	−9.729	−2.073	3.939
KUNM	102.797	25.029	33.596	−20.776	30.836	−16.123	2.760	−4.652

续表

点名	经度/(°)	纬度/(°)	东向速度	北向速度	计算东西向	计算南北向	东西向差异	南北向差异
LANC	99.918	22.554	29.080	−10.723	27.481	−16.044	1.598	5.321
LIJI	100.169	26.882	31.114	−20.658	33.333	−17.905	−2.219	−2.752
LITN	100.236	29.985	41.459	−17.107	39.676	−16.990	1.782	−0.116
MABI	103.526	28.842	36.022	−15.775	35.728	−15.705	0.293	−0.069
MEIG	103.135	28.328	30.260	−15.481	33.468	−16.206	−3.208	0.725
MIA	101.313	27.591	36.681	−22.296	35.116	−18.526	1.564	−3.769
NANJ	100.583	24.788	28.872	−13.805	30.959	−16.394	−2.087	2.589
PUSH	102.303	28.902	44.096	−13.695	40.696	−13.367	3.399	−0.327
QLIN	101.496	30.494	42.590	−14.789	42.530	−12.373	0.059	−2.415
QUER	98.909	31.947	43.744	−5.026	44.497	−9.3955	−0.753	4.369
SIMO	101.050	22.741	29.628	−14.249	27.850	−13.236	1.773	−1.012
TENG	98.497	25.018	27.493	−12.735	30.083	−14.215	−2.590	1.480
XIAL	100.749	31.296	42.334	−13.182	41.069	−12.543	1.264	−0.638
XIAN	100.567	25.439	27.288	−16.242	30.310	−16.182	−3.022	−0.059
XICH	102.219	27.901	39.947	−17.576	37.064	−15.502	2.882	−2.073
XINL	100.309	30.942	43.068	−14.998	42.133	−14.146	0.934	−0.851
YAAN	103.002	29.975	37.657	−6.312	38.041	−10.650	−0.383	4.338
YANG	99.949	25.689	28.313	−17.555	30.203	−16.991	−1.890	−0.563
YANY	101.513	27.420	35.508	−18.540	33.846	−17.660	1.661	−0.879
YOSH	100.728	26.706	30.715	−22.623	31.824	−19.583	−1.109	−3.039
YUNX	100.148	24.446	32.281	−13.328	30.577	−15.553	1.703	2.225

附表 6　喜马拉雅地区半参数模型计算结果与实际运动结果差异　　单位:mm/a

点名	经度/(°)	纬度/(°)	东向速度	北向速度	计算东西向	计算南北向	东西向差异	南北向差异
AIRP	85.280	27.693	38.161	28.676	39.643	27.704	−1.482	0.971
ANDC	91.692	32.275	47.502	6.147	46.076	7.609	1.425	−1.462
BALA	90.797	29.736	45.084	13.794	46.459	14.437	−1.375	−0.643
BHAI	83.418	27.507	45.686	31.898	41.891	31.872	3.794	0.025
BHAR	84.429	27.677	38.571	31.788	39.606	31.488	−1.035	0.299
BIRA	87.261	26.483	39.860	32.956	41.154	30.403	−1.294	2.552
BUDO	93.912	35.519	42.389	0.547	43.425	0.600	−1.036	−0.053
DAGZ	91.363	29.663	45.631	11.703	45.259	13.124	0.371	−1.421
ERDA	92.853	34.630	45.842	1.225	45.158	1.170	0.683	0.054
GGAR	90.958	29.277	47.798	11.728	45.827	13.662	1.970	−1.934

续表

点名	经度/(°)	纬度/(°)	东向速度	北向速度	计算东西向	计算南北向	东西向差异	南北向差异
GLMD	94.830	36.346	39.129	1.123	43.197	−3.286	−4.068	4.409
GNGB	93.236	29.880	53.514	1.121	47.806	7.252	5.707	−6.131
GOLM	94.874	36.432	35.189	1.986	40.949	−2.789	−5.760	4.775
GUCO	86.340	28.782	42.189	19.512	39.265	22.847	2.923	−3.335
J010	97.169	31.162	46.926	5.462	47.622	3.806	−0.696	1.655
JANK	85.924	26.710	38.382	31.897	38.354	30.381	0.027	1.515
JIAN	89.572	28.914	41.481	18.049	40.918	18.638	0.562	−0.589
JIRI	86.230	27.635	35.136	25.776	37.077	25.396	−1.941	0.379
JOMO	83.717	28.780	36.962	22.779	35.705	25.656	1.256	−2.877
KHAN	87.205	27.379	38.681	27.607	39.801	25.344	−1.120	2.262
LAZE	87.576	29.118	41.764	20.735	40.945	20.820	0.818	−0.085
LHAS	91.103	29.657	45.856	13.553	44.587	13.702	1.268	−0.149
LUKL	86.726	27.686	38.245	23.178	39.650	24.055	−1.405	−0.877
MAHE	80.147	28.963	33.178	32.655	32.851	32.732	0.326	−0.077
NAGA	85.521	27.692	37.314	29.910	39.062	27.849	−1.748	2.060
NAGQ	92.035	31.468	48.933	7.924	46.432	8.599	2.500	−0.675
NAMC	86.715	27.802	41.093	21.693	41.809	23.006	−0.716	−1.313
NEPA	81.574	28.134	37.367	32.992	36.403	31.315	0.963	1.676
NLYM	86.033	28.302	38.439	20.968	39.671	22.624	−1.232	−1.656
NYMA	87.765	31.890	41.616	14.477	40.276	13.964	1.339	0.512
POKH	83.977	28.198	36.195	28.983	36.586	27.093	−0.391	1.889
RANJ	82.573	28.062	36.785	29.693	34.289	27.103	2.495	2.589
RAWU	96.868	29.391	39.222	−11.987	43.619	−4.123	−4.397	−7.863
RONG	86.827	28.193	36.898	22.561	36.015	19.009	0.882	3.551
SAGA	85.213	29.441	33.135	20.749	34.360	19.095	−1.225	1.653
SHIQ	80.098	32.509	30.077	14.784	29.944	18.627	0.132	−3.843
SHOT	85.740	29.591	40.647	18.130	39.063	18.597	1.583	−0.467
SIMA	84.981	27.162	38.849	33.763	39.117	28.044	−0.268	5.718
SIMI	81.826	29.966	33.882	19.470	34.905	23.244	−1.023	−3.774
SOXI	93.783	31.890	50.686	4.689	47.619	1.847	3.066	2.841
SQHE	79.799	32.426	28.163	14.569	30.730	19.423	−2.567	−4.854
SURK	81.635	28.585	34.072	29.240	35.201	27.836	−1.129	1.403
TANG	91.857	33.233	49.345	6.187	45.910	4.843	3.434	1.343
TANS	83.553	27.873	37.268	28.640	37.721	27.899	−0.453	0.740
TCOQ	85.139	31.018	34.017	16.979	36.402	18.265	−2.385	−1.286
TGLA	91.984	32.985	45.473	4.800	43.932	4.546	1.540	0.253

续表

点名	经度/(°)	纬度/(°)	东向速度	北向速度	计算东西向	计算南北向	东西向差异	南北向差异
THAI	79.580	35.459	30.923	19.216	29.857	18.978	1.065	0.237
TING	87.155	28.629	34.644	20.701	38.737	20.617	−4.093	0.083
TUOT	92.446	34.213	49.151	−0.096	45.065	1.688	4.085	−1.784
WCDA	93.051	35.087	42.484	3.030	43.253	1.455	−0.769	1.574
XIGA	88.864	29.249	40.592	19.382	41.118	19.079	−0.526	0.302
YADO	88.905	27.488	39.857	22.543	41.763	22.070	−1.906	0.472
YANS	92.056	33.649	47.713	4.558	44.541	4.631	3.171	−0.073
YUSH	96.988	32.997	46.262	−3.345	47.627	−2.751	−1.365	−0.593